Rudolf Virchow

Die Freiheit der Wissenschaft im modernen Staat

Nach dem Original von 1877
herausgegeben von Hansjörg Walther

Libera Media

2016

V. i. S. d. P.:
Dr. Hansjörg Walther
Schwarzburgstraße 7
60318 Frankfurt am Main
Deutschland

ISBN-13: 978-1532826825
ISBN-10: 1532826826

Inhalt

Einleitung

Der Redner

Rudolf Virchow wurde am 13. Oktober 1821 in Schivelbein in Hinterpommern als Sohn des Landwirts und Stadtkämmerers Carl Christian Virchow geboren. In seiner Heimatstadt besuchte er die Stadtschule und danach in Köslin das Gymnasium. Am 2. Januar 1840 begann er an der Militärärztlichen Akademie in Berlin Medizin zu studieren. Sein abschließendes Praktikum absolvierte er dabei im Sommer 1843 an die Berliner Charité. Im selben Jahre verteidigte er auch seine Dissertation mit dem Thema „De rheumate praesertim corneae" (Über das Rheuma, besonders der Hornhaut). 1845 beschrieb er zum ersten Mal das Krankheitsbild der Leukämie, deren Namen er prägte.

Im Jahre 1846 schied er dann aus dem Militär aus und wurde im folgenden Jahr als Prosektor[1] an die Charité berufen. Dort habillitierte er sich über das Thema „De osseficatione pathologica" (Über die pathologische Verknöcherung). Zusammen mit

---

[1] *Arzt, der Leichen seziert, um die Todesursache festzustellen.*

Benno Reinhardt (1819-1852) begann Rudolf Virchow das *„Archiv für pathologische Anatomie und Physiologie und für klinische Medicin"* herauszugeben, das bis heute als *„Virchows Archiv"* weitergeführt wird. Im Jahre 1848 untersuchte er in offizieller Funktion die Hungertyphus-Epidemie in Oberschlesien.

Wie viele in seiner Generation wurde Rudolf Virchow von den Ereignissen des März 1848 mitgerissen. Noch in Oberschlesien unterwegs hörte er von den Entwicklungen in Berlin, wohin er am 10. März 1848 zurückkehrte, *„um an den Bewegungen der Hauptstadt teilzunehmen"*, wie er an seinen Vater schrieb. Aktiv schaltete er sich in das Geschehen ein, bis hin zum Barrikadenbau. Dabei war er in diversen Klubs und Vereinen tätig. Schließlich wurde Rudolf Virchow sogar in die Preußische Nationalversammlung gewählt, konnte den Sitz aber wegen seines jungen Alters nicht antreten.

Mit der Niederschlagung der Revolution im folgenden Jahr kam die Quittung für seine politischen Aktivitäten. Rudolf Virchow wurde zeitweise seines Postens enthoben, der auch mit einer Dienstwohnung verbunden war, die er verlor. Erst als er sich dem Kultusministerium gegenüber verpflichtete, von politischen Tätigkeiten Abstand zu nehmen, konnte er seinen Posten zurückerlangen. Allerdings hatte er sich mittlerweile einen Namen als Pathologe gemacht, und so konnte er nun das unfreundliche Preußen hinter sich lassen. Er lehnte Angebote aus Gießen und Zürich aus und entschied sich 1849 für eine Professur in Pathologie an der Universität Würzburg. Im folgenden Jahre heiratete er Ferdinande Amalie Rosalie Mayer, mit der sechs Kinder hatte.

In Würzburg lehrte und forschte Rudolf Virchow für die nächsten sieben Jahre. Es entstanden eine Reihe von grundlegenden Arbeiten. So beschäftigte er sich mit venösen Thrombosen und den Eigenschaften von Gewebszellen. Nicht zuletzt bildete das die Grundlage für seine Überlegungen zur *„Zellularpathologie"*, die er 1858 in seinem Hauptwerk *„Die Cellularpathologie in ihrer Begründung auf physiologische und pathologische Gewebelehre"* an die Öffentlichkeit brachte, als er wieder nach Berlin an die Charité zurückgekehrt war. Hatte er anfangs an die Theorie von Theodor Schwann (1810–1882) geglaubt, daß Zellen sich aus einer amorphen Masse bilden könnten, kam er durch mikroskopische Studien zu der Überzeugung, daß Zellen nur aus anderen Zellen entstehen. Dies brachte er in den lateinischen Ausspruch: *„omnis cellula e cellula"* (jede Zelle aus einer Zelle). Er postuliete die Zelle als die kleinste Einheit des Organismus, analog zu den Atomen in der Physik. Krankheiten seien als Störungen der Körperzellen und ihrer Gewebe zu verstehen. Dies war ein Durchbruch, mit dem ältere Theorien zurückgestellt wurden, die teilweise bis in das Altertum zurückreichten. Die *„Zellularpathologie"* begründete Rudolf Virchows Weltruhm.

Die Reaktionszeit bis Ende der 1850er Jahre verging unpolitisch. Doch als Prinz Wilhelm von Preußen (der spätere Kaiser Wilhelm I.) 1858 die Regentschaft für seinen nicht mehr regierungsfähigen und sehr konservativen Bruder übernahm, kam es zu einem Tauwetter. Um die Zeit war Rudolf Virchow auch wieder in Berlin. Hier schaltete er sich schon bald in die politischen Entwicklungen ein. 1861 war er maßgeblich an der Gründung der Deutschen Fortschrittspartei beteiligt, für die – und ihre Nachfolgeparteien Deutsch-Freisinnige Partei und Freisinnige Volkspartei – er dem Preußischen Abgeordnetenhaus (ab 1862) und später auch dem Reichstag sowie der bis zu seinem Tode der Berliner Stadtverordnetenversammlung angehörte. Die Deutsche Fortschrittspartei stand im Preußischen Verfassungskonflikt in Opposition zur Regierung unter Otto von Bismarck. Dieser forderte Rudolf Virchow nach einer seiner Reden zum Duell, was Virchow mit der Begründung ablehnte, das sei doch keine angemesse Weise, eine Streitfrage zu klären.

Diese Einstellung, daß Streitigkeiten nicht mit Gewalt gelöst werden sollten, vertrat Rudolf Virchow auch auf der internationalen Ebene. Er warb für zwischenstaatliche Schiedsgerichte bei Konflikten. Im Herbst 1869 brachte er einen Antrag in das Preußische Abgeordnetenhaus ein, der lautete: *„Die Kgl.[1] Staatsregierung aufzufordern dahin zu wirken, daß die Ausgaben der Militärverwaltung des norddeutschen Bundes entsprechend beschränkt werden, und durch diplomatische Verhandlungen eine allgemeine Abrüstung herbeigeführt würde.“* Dieser Einstellung blieb Rudolf Virchow treu. In einem Interview mit dem französischen *„Matin“* warnte er im Jahre 1895:

---

[1] *Königliche.*

Einleitung

„Sobald die Regierungen die entsetzliche Leere ihrer Schatzkammern bemerken und die Unmöglichkeit einsehen, sie mit neuen Steuern füllen zu können — wenn alle Quellen versiegt sind und die Möglichkeit zu steuerlicher Mehrbelastung ihrer Staaten auf Null reduziert ist, werden sie sich Hals über Kopf in den Krieg stürzen, in der Hoffnung, der ausweglosen Situation schließlich zu entkommen. Schneller, als man vielleicht glaubt, wird Europa von Krieg zu Krieg, von Barbarei zu Barbarei Stück um Stück in tiefer Nacht versinken, gegen die selbst die dunkelsten Zeiten des Mittelalters nur Dämmerung gewesen sein werden."

Die Alternative sei: *„Abrüsten oder untergehen: das ist das schreckliche Dilemma der Völker Europas."*

Auch in anderen Fragen bezog Rudolf Virchow prononciert Stellung. So wandte er sich während des Wahlkampfes zu den Reichstagswahlen 1881 gegen den aufkommenden Antisemitismus. Schon am 12. November 1880 hatte er zu den Unterzeichnern der sogenannten *„Notabeln-Erklärung"* gehört, in der führende Persönlichkeiten des wissenschaftlichen und politischen Lebens der antisemitischen Propaganda widersprachen. Am 12. Januar 1881 hielt er eine der Hauptreden auf einer Versammlung aller Berliner Wahlmänner[1], bei der die antisemitische Bewegung verurteilt wurde.

---

[1] *Bei den Wahlen zum Preußischen Abgeordnetenhaus wurden in den drei Klassen zunächst Wahlmänner in öffentlicher Wahl gewählt, die dann erst die Abgeordneten bestimmten.*

v

Auf wissenschaftlichen Gebiet weitete sich Rudolf Virchows Blick mit der Zeit auch auf benachbarte Gebiete aus. So interessierte er sich etwa für Anthropologie, Ethnologie und Archäologie und betrieb einschlägige Forschungen. Ihm war hierbei besonders wichtig, daß wissenschaftliche Kenntnisse, die gesichert waren, in die Öffentlichkeit getragen wurden. Von daher gab er zusammen mit Franz von Holtzendorff die *„Sammlung gemeinverständlicher wissenschaftlicher Vorträge"* heraus, zu denen er auch eigene Reden regelmäßig beitrug.

Rudolf Virchow verstarb am 5. September 1902 in Berlin.

Der Hintergrund

Die hier wiederveröffentlichte Rede hielt Rudolf Virchow auf der 50. Versammlung deutscher Naturforscher und Ärzte, die vom 17. bis zum 22. September 1877 in München stattfand. Vor ihm hatten schon am 18. September 1877 Ernst Haeckel[1] und

---

[1] *Ernst Heinrich Philipp August Haeckel (1834-1919) war ein deutscher Zoologe, der die Ideen von Charles Darwin in Deutschland popularisierte. Er studierte Medizin unter anderem auch bei Rudolf Virchow. 1861 habilitierte er sich. Nach ausgedehnten Reisen war er Professor in Jena (ab 1876 zudem Prorektor). Seine Weltanschauung propagierte Haeckel später als "Monismus" und fand dafür viele prominente Anhänger. Der Vortrag, auf den Rudolf Virchow sich bezieht, hatte den*

Einleitung

Carl Wilhelm von Nägeli[1] längere Ausführungen vorgetragen. Es ging dabei einerseits um allgemeine Überlegungen über die Grenzen wissenschaftlicher Erkenntnis, aber andererseits auch um die Frage, wie Forschungsergebnisse an die Öffentlichkeit, insbesondere in die Schulen gebracht werden sollten. Rudolf Virchow hielt seine Rede mit etwas Abstand am 22. September 1877[2], wobei er sich auf die vorhergehenden Reden bezog, auch wenn er diese nicht selbst gehört, sondern nur gelesen hatte.

In seinem Vortrag geht es Rudolf Virchow um eine allgemeine Betrachtung darüber, wie sich die Wis-

---

Titel: "Ueber die heutige Entwickelungslehre im Verhältnisse zur Gesammtwissenschaft", vgl. Amtlicher Bericht der 50. Versammlung Deutscher Naturforscher und Aerzte in München vom 17. bis 22. September 1877, München, F. Straub, 1877, Seite 14ff.

[1] Carl Wilhelm von Nägeli (1817-1891) war ein Schweizer Botaniker. Er studierte unter anderem bei Lorenz Oken und wurde 1849 Professor an der Universität Zürich. 1852 wechselte er an die Universität Freiburg im Breisgau. Nach einer kurzzeitigen Rückkehr nach Zürich war er von 1857 bis zu seiner Emeritierung 1889 Professor an der Universität München. Der Vortrag, auf den sich Rudolf Virchow bezieht, hatte den Titel: "Ueber die Schranken der naturwissenschaftlichen Erkenntniss", vgl. Amtlicher Bericht der 50. Versammlung Deutscher Naturforscher und Aerzte in München vom 17. bis 22. September 1877, München, F. Straub, 1877, Seite 25ff.

[2] Abgedruckt auch in: Amtlicher Bericht der 50. Versammlung Deutscher Naturforscher und Aerzte in München vom 17. bis 22. September 1877, München, F. Straub, 1877, Seite 65ff.

senschaft anderen Institutionen gegenüber positionieren sollte. Er setzt sich aber auch unmittelbar mit den Vorrednern und ihren Ansichten auseinander, besonders mit Ernst Haeckel, dessen Herangehensweise Virchow kritisiert.

Zum einen müsse die Wissenschaft sich gegen Übergriffe etwa von religiöser Seite verwahren, wie sie in der Zeit etwa von der katholischen Kirche kommen[1]. Zum anderen wendet er sich allerdings

---

[1] *So ächtete Papst Pius IX. am 8. Dezember 1864 in seinem "Syllabus Errorum" (Verzeichnis der Irrtümer) folgende Aussagen (§ 2. 8-13):*

- Da die menschliche Vernunft dem Glauben unmittelbar gleichzusetzen ist, müssen die theologischen Wissenschaften in gleicher Form wie die philosophischen Lehrfächer behandelt werden.

- Alle Glaubenssätze der christlichen Religion sind ohne Unterschied Gegenstand der natürlichen Wissenschaft oder der Philosophie. Die nur geschichtlich ausgebildete menschliche Vernunft kann aus ihren natürlichen Kräften und Grundsätzen zu dem wahren Wissen aller, auch schwieriger Glaubenssätze gelangen, wenn diese Glaubenssätze der Vernunft als Gegenstand vorgelegt wurden.

- Unterschiedlich sind der Philosoph und die Philosophie. Daher hat der Philosoph das Recht und die Pflicht, sich der Autorität zu unterwerfen, die er persönlich als wahre Autorität erkannt hat. Die Philosophie kann und darf sich allerdings keiner Autorität unterwerfen.

- Die Kirche darf nicht nur überhaupt keine Erklärung gegen die Philosophie abgeben, sondern sie muß auch die Irrtümer dieser Philosopie dulden und es ihr selbst überlassen, sich zu verbessern.

auch dagegen, wissenschaftliche Erkenntnis als eine Art Gegenreligion zu propagieren, wie es Ernst Haeckel vorschwebt. Nur völlig unzweifelhafte Ergebnisse sollten in die Öffentlichkeit und in die Schulen getragen werden. Spekulation habe ihren Platz in der wissenschaftlichen Diskussion, man solle aber nicht vorschnell mit noch nicht hinreichend geprüften Aussagen hervortreten.

Das ist eine Kampfansage an Ernst Haeckel, der genau das immer wieder tut. Rudolf Virchow läßt es sich nicht nehmen, Haeckel seine hastigen Behauptungen vorzuhalten:

- Um die Zeit vertritt Haeckel eine rein spekulative Theorie, daß selbst Moleküle beseelt seien, für die es keinerlei Beleg gibt.

- Ernst Haeckel hatte den Ursprung der Menschheit in „*Lemurien*" vermutet, einem angeblich später versunkenen Kontinent zwischen Afrika und Indien. Erst langsam zog er diese Behauptung später aus dem Verkehr.

- Und auch die Theorie, es gebe eine Gattung von Lebewesen, die „*Monera*", die am Meeresboden lebten und eineb Übergang zwi-

---

- *Die Dekrete des Apostolischen Stuhles und der Römischen Kongregationen behindern den freien Fortschritt der Wissenschaft.*

- *Die Arbeitsweise und die Grundsätze, nach welchen die alten scholastischen Lehrer die Theologie gepflegt haben, stimmen in keiner Weise mit den Bedürfnissen unserer Zeit und dem Fortschritt der Wissenschaften überein.*

schen der unbelebten und der belebten Natur, einen „*Urschleim*", darstellten, hatte sich mittlerweile als nicht haltbar erwiesen, auch wenn Haeckel noch länger darauf beharrte. Die angeblichen Proben von „*Monera*" stellten sich als Artefakte heraus.

Aus Rudolf Virchows Sicht zeigen diese Fehlgriffe Haeckels einen Mangel an wissenschaftlicher Seriosität. Gepaart mit der Forderung, derart spekulative Behauptungen in die Öffentlichkeit zu tragen, bestehe die Gefahr, der Wissenschaft in der Gesellschaft zu schaden.

Rudolf Virchow stellt dem eine streng empirische Vorgehensweise gegenüber, bei der nur Schritt für Schritt induktiv aus den Daten Theorien hergeleitet und immer wieder überprüft werden. Nur so lasse sich verhindern, daß als wissenschaftlich hingestellte Aussagen im Nachhinein revidiert werden müßten, was auf die Wissenschaft insgesamt zurückfalle. Rudolf Virchow lehnt damit auch die stark spekulative Neigung von Ernst Haeckel ab, dessen Intuitionen teilweise ins Mystische hinübergreifen. Wie Rudolf Virchow aufzeigt, kommt bei diesem eine ältere naturphilosophische Tradition zum Vorschein, mit der Virchow in seiner eigenen Arbeit gebrochen hatte.

Im folgenden Jahr wehrte sich Ernst Haeckel gegen die Vorwürfe von Rudolf Virchow mit der Schrift: „*Freie Wissenschaft und freie Lehre, eine Entgegnung auf R. Virchow's Münchener Rede über 'Die Freiheit der Wissenschaft im modernen Staat'.*"

Zur Edition

Die Rede von Rudolf Virchow wurde im *„Amtlichen Bericht der 50. Versammlung Deutscher Naturforscher und Aerzte in München vom 17. bis 22. September 1877"*, München, F. Straub, 1877, abgedruckt, und zwar auf den Seiten 65 bis 77. Es handelte sich hierbei um ein regelrechtes Protokoll, in dem auch die Reaktionen des Publikums mit gelegentlichen Bravorufen und zahlreichen Stellen verzeichnet sind, an denen *„Heiterkeit"* vermerkt ist.

Schon kurz darauf kam der Text auch im Verlag Wiegand, Hempel und Parey als eigene Broschüre heraus, die ein Teil der Serie *„Sammlung gemeinverständlicher wissenschaftlicher Vorträge"* war, welche von Rudolf Virchow und dem Juristen Franz von Holtzendorff herausgegeben wurden. Aufgrund des großen Interesses kam es noch im selben Jahr zu einer zweiten Auflage.

An der Ausgabe als Broschüre orientiert sich die vorliegende Wiederveröffentlichung, so etwa bei der Paginierung, die in klein gesetzten eckigen Klammer beigefügt ist. Sperrungen im Original wurden nachgeahmt, während kursive Fußnoten vom Herausgeber stammen. Bei der Kommentierung wurden im Zweifelsfall zu viele als zu wenige Worte und Sachverhalte erläutert, weil für heutige Leser manches vielleicht nicht mehr unmittelbar verständlich ist und keine hohen Anforderungen an das Hintergrundwissen gestellt werden sollten.

Die Freiheit der Wissenschaft im modernen Staat.

Rede, gehalten in der dritten allgemeinen Sitzung der fünfzigsten Versammlung deutscher Naturforscher und Aerzte[1] zu München um 22. September 1877

von

Rudolf Virchow.

[5] Als mir der ehrenvolle Auftrag unseres geschäftsleitenden Ausschusses zu Theil wurde, von dieser Stelle aus zu der Versammlung zu sprechen, da habe ich mir die Frage vorgelegt, ob ich nicht, dem von

---

[1] *Die Gesellschaft Deutscher Naturforscher und Ärzte wurde 1822 in Leipzig vom Naturforscher und Arzt Lorenz Oken gegründet, und im selben Jahr fand auch ihre erste Versammlung statt. Ziel war zunächst vor allem der Austausch zwischen Forschern. Später entwickelten sich die Versammlungen zu einem Forum, auf dem neue Ergebnisse vorgestellt und wissenschaftliche Kontroversen ausgetragen wurden.*

mir angeregten und neulich erst von Herrn K l e b s [1] in Erinnerung gebrachten Gesichtspunkte entsprechend, Ihnen ein besonderes Gebiet der neuesten Entwickelung unserer Wissenschaft vorführen sollte. Ich habe mich jedoch dafür entschieden, diesmal mehr einem allgemeinen Bedürfnisse Ausdruck zu geben, hauptsächlich desshalb, weil, wie mir scheint, der Zeitpunkt gekommen ist, wo eine gewisse Auseinandersetzung zwischen der Wissenschaft, wie wir sie vertreten und treiben, und dem allgemeinen Leben stattfinden muss, und weil in der Geschichte gerade unserer, der continentalen Völker Europas, der Augenblick immer näher heranrückt, wo die geistigen Geschicke der Völker vielleicht für lange Zeit in den höchsten Entscheidungen bestimmt werden dürften. [2]

---

[1] *Der Mediziner Theodor Albrecht Edwin Klebs (1834-1913) war ab 1861 Assistent bei Rudolf Virchow. 1866 folgte er einem Ruf nach Bern an und nahm die Schweizer Staatsbürgerschaft an. Später bekleidete er Positionen in Würzburg, Prag, Zürich und Chicago. Er entdeckte den Erreger der Diphtherie. Zuletzt war er Privatforscher in Berlin.*

[2] *Rudolf Virchow denkt hierbei unter anderem an den "Kulturkampf" zwischen Staat und katholischer Kirche in Deutschland, aber auch der Schweiz und anderen Ländern. Dieser läuft seit Anfang der 1870er Jahre. Auf dem Ersten Vatikanische Konzil wurde die Unfehlbarkeit des Papstes zum Dogma erhoben. Papst Pius IX. hatte schon 1864 im Syllabus errorum ("Verzeichnis der Irrtümer") unter anderem in § 1. Naturalismus und Rationalismus verworfen und dabei in These 3 die Aussage als unvereinbar mit dem Katholizismus gekennzeichnet: "Die menschliche Vernunft ist, ohne dass wir sie irgendwie auf Gott beziehen müssten, der einzige Richter über Wahrheit und Falsches, über Gut und Böse. Sie ist sich selbst Gesetz und mit ihrer natürlichen*

Die Freiheit der Wissenschaft im modernen Staat

Es ist nicht zum ersten Male, meine Herren, dass ich bei Gelegenheit einer Naturforscherversammlung warnend auf gleichsam dramatische Ereignisse, welche sich in unserem Nachbarlande vollziehen, hinweisen kann.[1] Zu wiederholten Malen habe ich gerade in der Zeit, wo eine Naturforscherversammlung tagte, auf kurz vorhergegangene Ereignisse jenseits des Rheins hinweisen können[2], welche, soweit sie scheinbar von

---

Kraft ausreichend, um das Wohl der Menschen und Völker zu sichern." Viele Naturwissenschaftler fühlten sich von daher angegriffen. Rudolf Virchow prägte in der Auseinandersetzung den Begriff des "Kulturkampfes" mit.

[1] *Möglicherweise bezieht sich Rudolf Virchow hier auf seine Rede „Ueber Wunder", die er auf 47. Versammlung deutscher Naturforscher und Aerzte in Breslau am 18. September 1874 gehalten hatte. Es geht dabei um den Fall der Louise Lateau in Bois d'Haine in Belgien, die ab 1868 behauptete, daß ihr Wunder geschehen seien. Allerdings würde man bei „unserem Nachbarlande" und weiter unten „jenseits des Rheins" nicht in erster Linie an Belgien, sondern an Frankreich denken. Siehe folgende Fußnote.*

[2] *Es ist unklar, auf welches weitere Mal sich Rudolf Virchow hier bezieht. Sehr wahrscheinlich geht es, wie schon bei den Andeutungen weiter oben, um die politische Lage in Frankreich. Dort möchte der zweite Präsident der noch jungen Dritten Französischen Republik, Patrice de Mac-Mahon (1808-1893), das bourbonische Königshaus unter Henri d'Artois, Graf von Chambord, restaurieren. In diesem Sinne sucht er auch den Einfluß der katholischen Kirche zu stärken und unterstützt den Ultramontanismus. Bei den Wahlen 1876 und 1877 setzen sich allerdings republikanische Kräfte durch. Da die Armeeführung zu keinem Putsch bereit war, zieht sich die Krise noch unentschieden bis 1879 hin. Mac-Mahon tritt von seinem Amt zurück, und erst ab*

unserer Aufgabe abliegen, doch schliesslich immer dasselbe streitige Gebiet betreffen, dasjenige, auf dem es sich darum handelt, festzustellen, was die moderne Wissenschaft im modernen Staate gelten soll. Seien wir offen — wir können es hier vielleicht in doppeltem Maasse, — es ist die Frage des Ultramontanismus[1] und der Orthodoxie[2], welche uns immerfort bewegt. Ich kann wohl sagen, mit wahrem Bangen sehe ich den Ereignissen entgegen, welche sich im Laufe der nächsten Jahre bei unserem Nachbarvolke [6] vollziehen werden. Wir hier können in diesem Augenblicke mit einem gewissen Stolze um uns blicken und mit einer gewissen Ruhe dem Gange der Dinge zusehen. Heute aber, wo wir beschäftigt sind, die fünfzigste Wiederkehr dieser Versammlung zu feiern, ist es gewiss am

---

da ist die französische Republik und die Trennung von Staat und Kirche gesichert.

[1] *Die katholische Kirche war bis 1870 auch eine weltliche Macht, die über den Kirchenstaat in der Mitte Italiens herrschte. Als im Zuge des deutsch-französischen Krieges die französischen Truppen aus Rom abgezogen wurden, marschierte das Königreich Italien ein und annektierte den Kirchenstaat. Der Papst, Pius IX., bestand weiter auf seinem Anspruch und wurde dabei von „papsttreuen" Katholiken auch in anderen Ländern unterstützt. Diese erkannten die Oberherrschaft der Staaten gegenüber der Kirche nicht an. Bismarck forcierte den Konflikt in Deutschland ab den frühen 1870er Jahren („Kulturkampf"). Da der politische Katholizismus nur die letzte Autorität des Papstes in Rom, jenseits der Berge, anerkannte, wurde er von seinen Gegner als „ultramontan" bezeichnet.*

[2] *Gemeint ist die orthodoxe Richtung im Protestantismus.*

Die Freiheit der Wissenschaft im modernen Staat

Platze, daran zu erinnern, welche grosse Veränderung in Deutschland, speciell in München[1] sich vollzogen hat seit den Tagen, als O k e n[2] zum ersten Male deutsche Naturforscher und Aerzte versammelte.[3]

Ich will mich nur ganz kurz auf zwei Thatsachen beziehen, bekannt genug, indess auch wichtig genug, um von Neuem in Erinnerung gebracht zu werden: die eine Thatsache, dass, als im Jahre 1822 die wenigen Männer, welche die erste deutsche Naturforscherversammlung zusammensetzten, in Leipzig tagten, es noch so gefährlich erschien, eine derartige Versammlung abzuhalten, dass sie thatsächlich im Dunkel des Geheimnisses stattfand. Konnten doch die Namen derjenigen Mitglieder, welche aus Oesterreich beigetre-

---

[1] *Parallel zu den Auseinandersetzungen in Preußen und Baden gab es auch einen Bayerischen Kulturkampf. Besonders polarisierend wirkte dabei der gescheiterte Gesetzentwurf eines liberalen Schulgesetzes 1869. Die neu formierte Bayerische Patriotenpartei, die den ultramontanen Standpunkt gegen das Gesetz vertrat, errang bei den Wahlen im selben Jahr eine absolute Mehrheit. Von daher konnten die weiterhin liberalen Regierungen in Bayern ohne eine Parlamentsmehrheit keine Gesetzesänderungen mehr durchbringen.*

[2] *Lorenz Oken (1779-1851) war ein deutscher Naturforscher und Mediziner. Auf philosophischem Gebiet vertrat er eine romantisch-spekulative Naturphilosophie. Auf seine Initiative wurde 1822 die Gesellschaft Deutscher Naturforscher und Ärzte begründet.*

[3] *Die erste Versammlung der Gesellschaft Deutscher Naturforscher und Ärzte fand im Gründungsjahr der Gesellschaft 1822 statt.*

ten waren, erst 39 Jahre später, im Jahre 1861, publicirt werden.[1] Die zweite Thatsache, die uns bei der Erinnerung an O k e n unmittelbar berührt, ist die, dass auch er, dieser geschätzte, dieser gefeierte Lehrer, diese Zierde der Hochschule München im Exil sterben musste[2], in demselben schweizerischen Canton, in dem Ulrich v o n H u t t e n[3] sein viel geplagtes und viel durchkämpftes Leben beschloss. Meine Herren, das bittere Exil, welches O k e n's letzte Jahre bedrückte, welches ihn fern von denjenigen Stätten, an denen er die besten Kräfte seines Lebens geopfert hatte, hinsiechen liess, dieses Exil wird die Signatur der Zeit bleiben, welche wir überwunden haben. Und so lange es eine deutsche Naturforscherversammlung giebt, so lange sollen wir uns dankbar erinnern, dass dieser Mann bis zu seinem Tode alle Zeichen des Märtyrers an sich getragen hat, so lange sollen wir auf ihn weisen

---

[1] *Die Gründung der Gesellschaft Deutscher Naturforscher und Ärzte fällt in die Zeit der Restauration nach der Niederschlagung Napoleons. Die Naturwissenschaften wurden mißtrauisch beäugt, weil man das aufklärerische Denken als Ursache der Französischen Revolution ansah und darin eine Kraft erblickte, die die Religion untergraben könnte. Die österreichischen Wissenschaftler mußten von daher mit Repressionen rechnen.*

[2] *Nach Streitigkeiten mit der Bayerischen Regierung, die zur Dienstentlassung Lorenz Okens von der Universität München, führten, nahm er 1832 eine Professur in Zürich an, wo er den Rest seines Lebens verbrachte und auch starb.*

[3] *Ulrich von Hutten (1488-1523) war ein Reichsritter und Humanist der Reformationszeit. Er starb auf der Insel Ufenau, die im Zürichsee liegt. Gemeint ist der Kanton Zürich.*

als auf einen jener Blutzeugen[1], welche die Freiheit der Wissenschaft für uns erkämpft haben.

Jetzt, meine Herren, ist es leicht, im deutschen Lande von Freiheit der Wissenschaft zu reden; jetzt sind wir auch hier, wo man noch vor wenigen Decennien[2] die Besorgniss hegte, dass vielleicht ein neuer Umschwung der Dinge plötzlich das äusserste Gegenstück zu Tage fördern würde, sicher und können in aller Ruhe die höchsten und schwierigsten Probleme des Lebens und des Jenseits discutiren. Gewiss liefern die Erörterungen, welche in den allgemeinen Sitzungen, in der ersten und zweiten, stattgefunden haben, hinreichende Proben [7] davon, dass München jetzt ein Ort ist, welcher es vertragen kann, die Vertreter der Wissenschaft in vollständigster Freiheit zu hören. Ich war nicht in der Lage, alle diese Reden zu hören, aber ich habe seitdem sowohl die Rede des Herrn H a e k k e l[3], als die des Herrn N a e g e l i[1] gelesen, und ich

---

[1] *Das deutsche Wort für „Märtyrer". Der Hintergrund für die Streitigkeiten zwischen Lorenz Oken und der Bayerischen Regierung waren aber nicht dessen wissenschaftliche Ansichten, sondern Angriffe von Kollegen, die auch in die Öffentlichkeit getragen wurden. Oken wurde angewiesen, eine Professur in Erlangen anzunehmen, was er ablehnte. Das führte zu seiner Entlassung.*

[2] *Jahrzehnten.*

[3] *Ernst Heinrich Philipp August Haeckel (1834-1919) war ein deutscher Zoologe, der die Ideen von Charles Darwin in Deutschland popularisierte. Er studierte Medizin unter anderem auch bei Rudolf Virchow. 1861 habilitierte er sich. Nach ausgedehnten Reisen war er Professor in Jena (ab 1876 zudem Prorektor).*

muss sagen, wir können nicht mehr verlangen, als dass in dieser Freiheit discutirt werden darf.

Handelte es sich nur darum, uns dieses Besitzes zu erfreuen, so würde ich hier nicht das Wort über einen solchen Gegenstand genommen haben. Aber, meine Herren, wir befinden uns an einem Punkte, wo es sich darum handelt, zu untersuchen, ob wir hoffen dürfen, diesen factischen Besitz, in dem wir uns befinden, für die Dauer zu sichern. Die Thatsache, dass wir heute in der Lage sind, so zu discutiren, ist für Jemand, der eine so lange Erfahrung im öffentlichen Leben hinter sich hat, wie ich, keine genügende Bürgschaft dafür, dass es immer so bleiben werde. Darum denke ich, dass wir uns nicht blos anzustrengen haben, auf dass wir für

---

Seine Weltanschauung propagierte Haeckel später als "Monismus" und fand dafür viele prominente Anhänger. Der Vortrag, auf den Rudolf Virchow sich bezieht, hatte den Titel: "Ueber die heutige Entwickelungslehre im Verhältnisse zur Gesammtwissenschaft", vgl. Amtlicher Bericht der 50. Versammlung Deutscher Naturforscher und Aerzte in München vom 17. bis 22. September 1877, München, F. Straub, 1877, Seite 14ff.

[1] *Carl Wilhelm von Nägeli (1817-1891) war ein Schweizer Botaniker. Er studierte unter anderem bei Lorenz Oken und wurde 1849 Professor an der Universität Zürich. 1852 wechselte er an die Universität Freiburg im Breisgau. Nach einer kurzen Rückkehr nach Zürich war er von 1857 bis zu seiner Emeritierung 1889 Professor an der Universität München. Der Vortrag, auf den sich Rudolf Virchow bezieht, hatte den Titel: "Ueber die Schranken der naturwissenschaftlichen Erkenntniss", vgl. Amtlicher Bericht der 50. Versammlung Deutscher Naturforscher und Aerzte in München vom 17. bis 22. September 1877, München, F. Straub, 1877, Seite 25ff.*

den Augenblick die Theilnahme Aller fesseln, sondern ich meine, wir haben uns auch zu fragen, was wir zu thun haben, um diesen Zustand zu erhalten. Meine Herren, ich will Ihnen gleich sagen, was ich Ihnen als das Hauptresultat meiner Betrachtungen vorführen, was ich hier besonders beweisen möchte. Ich möchte nehmlich darthun, dass wir für uns jetzt nicht mehr zu fordern haben, sondern dass wir vielmehr an dem Punkte angekommen sind, wo wir uns die besondere Aufgabe stellen müssen, durch unsere Mässigung, durch einen gewissen Verzicht auf Liebhabereien und persönliche Meinungen es möglich zu machen, dass die günstige Stimmung der Nation, die wir besitzen, nicht umschlage!

Ich bin der Meinung, wir sind in der That in Gefahr, durch zu weite Benutzung der Freiheit, welche uns die jetzigen Zustände darbieten, die Zukunft zu gefährden, und ich möchte warnen, dass man nicht in der Willkür beliebiger persönlicher Speculation fortfahren möge, welche sich jetzt auf vielen Gebieten der Naturwissenschaft breit macht. Die Auseinandersetzungen, welche Ihnen meine Vorgänger gegeben haben, namentlich diejenigen des Herrn Naegeli, werden für Alle, die sie nachlesen, in Bezug auf den Gang der naturwissenschaftlichen Erkenntniss, in Bezug auf die Grenzen derselben eine Reihe der wichtigsten Gesichtspunkte ergeben, welche zu wiederholen nicht meine Aufgabe sein kann. Ich habe aber auch ihnen gegenüber zu betonen, und ich möchte dafür ein paar practische [8] Beispiele aus der Erfahrung der Naturwissenschaften beibringen, wie gross der Unterschied ist desjenigen, was wir als wirkliche Wissenschaft im strengsten Sinne des Wortes ausgeben und für welches allein wir meiner Meinung nach die Gesammtheit aller der Freiheiten fordern können, welche als Freiheit der Wissenschaft oder, sagen wir vielleicht noch etwas schärfer, als F r e i h e i t   d e r   w i s s e n s c h a f t l i c h e n   L e h r e bezeichnet werden kann, im Gegensatze zu demjenigen grösseren Gebiete, welches mehr der speculativen Expansion[1] angehört, welches die Probleme stellt, die Aufgaben findet, auf welche die neue Forschung sich richten soll, welches vorahnend eine Reihe von Lehrsätzen formulirt, die erst zu beweisen sind und deren Thatsächlichkeit[2] erst gefunden werden soll, die jedoch inzwischen zur Ausfüllung gewisser Lücken des Wissens mit einer gewissen Wahrscheinlichkeit vorgetragen werden können. Wir dürfen nicht vergessen, dass es eine Grenze zwischen dem speculativen Gebiete der Naturwissenschaft und dem thatsächlich errungenen und vollkommen festgestellten Gebiete giebt. Von uns verlangt man, dass diese Grenze mit immer grösserer Schärfe nicht blos gelegentlich einmal bezeichnet, sondern überhaupt soweit fixirt[3] werde, dass sich jeder Einzelne immer mehr bewusst werde, wo die Grenze liegt, und wieweit von ihm gefordert werden könne, dass er zugestehe, das Gelehrte

---

[1] *Ausdehnung des Gebietes mit spekulativen Methoden, vermutlich eine Anspielung auf die Neigung Ernst Haeckels spekulative Überlegungen sehr schnell wie wissenschaftliche Tatsachen zu behandeln.*

[2] *Eigenschaft, eine Tatsache zu sein, also über allen Zweifel erhaben, als wahr angenommen werden zu müssen.*

[3] *festgelegt.*

sei Wahrheit. Das, meine Herren, ist die Aufgabe, an der wir in u n s zu arbeiten haben.

Die practischen Fragen, welche sich daran knüpfen, sind sehr naheliegend. Es ist selbstverständlich, dass wir für das, was wir als gesicherte, wissenschaftliche Wahrheit betrachten, auch die vollkommene Aufnahme in den Wissensschatz der Nation verlangen müssen. D a s m u s s d i e N a t i o n i n s i c h a u f - n e h m e n, das muss sie verzehren und verdauen, daran muss sie nachher weiter arbeiten. Gerade darin liegt ja die doppelte Förderung, welche die Naturwissenschaft der Nation bietet. Auf der einen Seite der materielle Fortschritt, dieser ungeheure Fortschritt, welchen die Neuzeit aufweist. Alles, was die Dampfmaschine[1], die Telegraphie[2], die Photographie[3] u. s. w. gebracht haben, die chemischen Entdeckungen[4], die

---

[1] *Die ersten experimentellen Dampfmaschinen wurden von Blasco de Garay 1543, Denis Papin 1690 und Thomas Savery 1698 gebaut, die erste funktionsfähige Apparatur 1712 von Thomas Newcomen.*

[2] *Telegraphen kamen nach Vorarbeiten in den 1830ern auf. Bis 1850 gab es bereits ein ausgedehntes Netz von Telegraphenleitungen.*

[3] *Photographische Aufnahmen gab es seit den 1820er Jahren. Allerdings wurden dabei Platten und nicht Filme belichtet. Filme auf Papierbasis gab es ab 1884, auf Basis von Zelluloid ab 1889, Rollfilme in Kapseln ab 1891.*

[4] *Zu denken wäre hierbei an die Entdeckungen von Antoine Laurent de Lavoisier (1743-1794), der den Ablauf bei einer Verbrennung erklärte und die ersten reinen Elemente beschrieb, so etwa*

Rudolf Virchow

Farbentechnik[1] u. s. w., alles dieses basirt wesentlich darauf, dass wir Männer der Wissenschaft die Lehrsätze vollkommen fertig machen und wenn sie ganz fertig und sicher sind, so dass wir ganz bestimmt wissen, dies ist naturwissenschaftliche Wahrheit, sie der Gesammtheit übergeben; dann können auch Andere damit arbeiten und neue Dinge [9] schaffen, von denen vorher Niemand eine Ahnung hatte, die sich Niemand träumen liess, die ganz neu in die Welt treten und die den Zustand der Gesellschaft und der Staaten umwandeln. Das ist die materielle Bedeutung unserer Leistungen. Ebenso ist es andererseits mit der geistigen Bedeutung derselben. Wenn ich der Nation eine bestimmte wissenschaftliche Wahrheit überliefere, die sicher beglaubigt ist, an der nicht der geringste Zweifel bleiben kann, wenn ich verlange, dass Jedermann sich von der Richtigkeit dieser Wahrheit überzeuge, dass er sie in sich aufnehme, dass sie Bestandtheil seines Denkens werde, so setze ich als selbstverständlich voraus, dass damit seine Anschauung von den Dingen überhaupt mitbestimmt werden muss. Jede wesentliche Neuigkeit dieser Art muss auf die ganze Vorstellungs-

---

Sauerstoff, Kohlenstoff, Wasserstoff, Schwefel und Phosphor, oder die grundlegenden Untersuchungen zur Atomtheorie durch John Dalton (1766-1844).

[1] *Anilin wurde 1826 von Otto Unverdorben hergestellt. Henry Perkin entdeckte 1856 den Mauvein-Farbstoff, die Chemiker François-Emmanuel Verguin und August Wilhelm von Hofmann stellten 1858 Fuchsin her. Methylviolett wurde 1861 von Lauth entwickelt, Alizarin von Carl Graebe und Carl Theodor Liebermann bis 1869. 1870 konnte Adolf von Bayer Indigo synthetisieren, und 1876 erhielt Heinrich Caro ein Patent für Methylenblau.*

weise des Menschen, auf die Methode des Denkens einen Einfluss ausüben.

Wenn wir z. B., um einen naheliegenden Fall zu nehmen, die Fortschritte betrachten, welche die letzten Jahre in Bezug auf die Kenntniss des menschlichen Auges gebracht haben[1], von den ersten Tagen an, wo man die einzelnen Bestandtheile des Auges genauer anatomisch auseinanderlegte, dann diese einzelnen anatomisch getrennten Theile wieder einer mikroskopischen Untersuchung unterzog und ihre verschiedene Einrichtung nachwies, bis zu der Zeit, wo wir allmählich die vitalen[2] Eigenschaften, die physiologischen Functionen[3] dieser verschiedenen Theile kennen ge-

---

[1] *Rudolf Virchow bezieht sich dabei vermutlich auf die Gegenfarbtheorie von Ewald Hering (1834-1918), zum ersten Mal veröffentlicht im Jahre 1874. Diese geht davon aus, daß es die Gegenfarbpaare Blau-Gelb, Rot-Grün und Schwarz-Weiß gibt, wobei die eine Seite jeweils hemmend, die andere erregend wirkt. Ein Beleg hierfür sind Nachbilder in der entgegengesetzten Farbe, nachdem man länger ein Bild in einer Farbe angeschaut hat. Damit gebe es vier Grundfarben, die dem menschlichen Sehen zugrundelägen, im Gegensatz zur Annahme der Dreifarbentheorie von Thomas Young (1773-1829) und Hermann von Helmholtz (1821-1894), die nur von den Grundfarben Rot, Gelb und Blau ausgingen. Welche der beiden Theorien richtig ist, war lange umstritten, konnte aber im 20. Jahrhundert geklärt werden. Danach ist die Gegenfarbtheorie korrekt.*

[2] *lebendigen.*

[3] *Die Physiologie ist das Teilgebiet der Medizin, das sich mit den physikalischen und biochemischen Vorgängen in den Zellen, Geweben und Organen beschäftigt.*

lernt haben, bis man endlich in der Entdeckung des Sehpurpurs[1] und der photographischen Eigenschaften desselben einen Fortschritt gemacht hat, von dem man noch vor einem Jahre kaum eine Ahnung hatte: da liegt es auf der Hand, dass mit jedem Fortschritte der Art ein gewisser Theil der Optik[2], zunächst der Lehre vom Sehen bestimmt und geändert wird. Wir erfahren damit ganz bestimmt, wie im Innern des menschlichen Körpers selbst die Einwirkung des Lichtes stattfindet und wie ein mehr peripherisches[3] Organ des menschlichen Körpers, nicht etwa das Gehirn, sondern das Auge es ist, welches diese Einwirkung erfährt. Wir erfahren damit, dass dieses Photographiren nicht etwa eine geistige Operation ist, sondern ein chemischer Vorgang, der sich unter Zuhülfenahme gewisser Lebensvorgänge vollzieht, und dass wir in Wirklichkeit nicht die äusseren Dinge sehen, sondern die Bilder unseres Auges. Wir sind somit in der Lage, ein neues Moment der Analyse für das Verständniss unserer Beziehungen zu der Aussenwelt zu gewinnen und den rein geistigen Antheil des [10] Sehens von dem rein körperlichen Antheil schärfer auseinander zu legen.

---

[1] *Rhodopsin, wegen der Farbe auch Sehpurpur genannt, ist eines der Sehpigmente. Es befindet sich in den Stäbchen der Netzhaut, die für das Hell-Dunkel-Sehen verantwortlich sind. Entdeckt wurde es 1876 von Franz Christian Boll (1849-1879).*

[2] *Heute würde man unter Optik ein Teilgebiet der Physik verstehen, das sich mit Licht beschäftigt. Hier ist eher die Lehre vom Sehen gemeint, was wegen der erst recht neuen Entdeckungen noch nicht von der physikalischen Seite klar getrennt erscheint.*

[3] *an der Oberfläche liegend.*

Die Freiheit der Wissenschaft im modernen Staat

Damit wird ein gewisser Theil der Optik und zugleich der Psychologie ganz neu gebildet. Die Chemie tritt mit heran an die Untersuchung von Fragen, mit denen sie sich bisher gar nicht beschäftigt hatte, namentlich an die hochwichtigen Fragen: was ist Sehpurpur? was ist das für eine Substanz? wie wird sie gebildet, wie vernichtet, wie wieder hergestellt? Die Lösung dieser Fragen wird nicht verfehlen[1], ein neues Gebiet der Forschung zu erschliessen; hoffentlich machen wir bald auch auf dem Gebiete der technischen Photographie neue Fortschritte, indem wir bunte Photogramme[2] herstellen lernen. So bildet sich ein Gemisch von Fortschritten, die halb auf geistigem, halb auf körperlichem Gebiete liegen. Und daher, sage ich, muss mit jedem wahren Fortschritte des Wissens von der Natur nothwendiger Weise, wie in den äusseren Verhältnissen der Menschen, so auch in den inneren eine Reihe von Veränderungen sich vollziehen, und Niemand kann sich dem entziehen, das neue Wissen in sich arbeiten zu lassen. Jedes neue Stück von wirklichem Wissen arbeitet in dem Menschen fort, es erzeugt neue Vorstellungen, neue Gedankenreihen, und Niemand

---

[1] *kann nicht umhin.*

[2] *In einem gewissen Sinne gab es 1877 schon die Farbphotographie. Am 17. Mai 1861 hatte der schottische Physiker James Clerk Maxwell ein erste Farbfoto präsentiert. Praktikable Methoden wurden aber erst langsam über die nächsten Jahrzehnte entwickelt. Gabriel Lippmann stellte 1891 seine „Methode der Photographie in Farbe mittels Interferenzmethode" vor. Die Brüder Auguste und Louis Lumière entwickelten bis 1904 das Autochromverfahren. Kommerzielle Produkte gab es ab den 1930er Jahren.*

kann umhin, schliesslich selbst die höchsten Probleme des Geistes mit den natürlichen Vorgängen in eine gewisse Beziehung zu setzen.

Aber wir haben noch eine andere, ungleich näher liegende Seite der practischen Betrachtung. Ueberall im ganzen deutschen Vaterlande beschäftigt man sich damit, das Unterrichtswesen neu zu gestalten, zu erweitern, zu entwickeln, die bestimmten Formen dafür zu finden. Preussens Unterrichtsgesetz[1] steht auf der Schwelle der kommenden Ereignisse. In allen deutschen Staaten baut man grössere Schulhäuser, schafft man neue Lehranstalten, erweitert man die Universitäten, richtet man höhere und Mittelschulen ein. Es fragt sich endlich, was soll der Hauptinhalt dessen sein, was gelehrt wird? wohin soll die Schule führen? nach welchen Richtungen soll sie arbeiten? Wenn die Naturwissenschaft verlangt, wenn wir alle seit Jahren dahin gedrängt haben, dass wir Einfluss gewinnen auf die Schule, wenn wir fordern, dass die Naturkenntniss in höherem Maasse in die gewöhnliche Lehre aufgenommen werde, dass schon frühzeitig den jugendlichen Geistern dieses fruchtbare Material geboten werde als Grundlage einer neuen Anschauung, dann werden wir uns auch sagen müssen, es ist in der That höchste Zeit, dass wir uns selbst verständigen über

---

[1] *Das ist eine allgemeine und seit langem gehegte Erwartung. Wie L. Clausnitzer 1876 im Vorwort zu seinem Buch „Geschichte des Preußischen Unterrichtsgesetzes" süffisant schreibt: „Berlin, im Herbste des fünfundsiebzigsten Jahres der Hoffnung auf ein preußisches Unterrichtsgesetz". Es kam aber in der ganzen Zeit des Kaiserreichs ein solches Gesetz nie zustande.*

das, was wir verlangen können und [11] verlangen wollen. Wenn Herr H a e c k e l sagt, es sei eine Frage der Pädagogen, ob man jetzt schon die Descendenztheorie[1] dem Unterricht zu Grunde legen und die Plastidul-Seele[2] als Grundlage aller Vorstellungen über geistiges Wesen annehmen, ob man die Phylogenie[3] des Menschen bis in die niedersten Klassen des organischen Reiches[4], ja darüber hinaus bis zur Urzeugung[5] verfolgen soll, so ist das meiner Meinung nach eine Verschiebung der Aufgaben. Wenn die Descendenzlehre so sicher ist, wie Herr H a e c k e l annimmt, dann müssen wir verlangen, dann ist es eine nothwendige Forderung, dass sie auch in die Schule muss. Wie wäre das denkbar, dass eine Lehre von solcher Wichtigkeit, die so vollkommen revolutionirend eingreift in jedes Bewusstsein, die unmittelbar eine Art von neuer Religion

---

[1] *Im heutigen Sinne die Evolutionstheorie von Charles Darwin, besonders der Teil, der sich auf die Abstammung des Menschen bezieht.*

[2] *Ernst Haeckel veröffentlichte 1876 das Buch „Die Perigenesis der Plastidule oder die Wellenerzeugung der Lebenstheilchen", in dem er die „provisorische Hypothese" aufstellte, daß es gewisse „Lebensmodule" (Plastidule) gebe, die eine Seele hätten.*

[3] *Entwicklungsgeschichte.*

[4] *Hierbei bezieht sich Rudolf Virchow auf Ernst Haeckels Buch „Anthropogenie oder Entwicklungsgeschichte des Menschen" aus dem Jahre 1874, in dem Haeckel ein umfassende Darstellung der Entwicklung des Menschen zu geben versucht, sowohl individuell als auch als Art seit den ersten Anfängen.*

[5] *Spontane Entstehung von Leben aus unbelebter Materie.*

schafft[1], nicht ganz in den Schulplan eingefügt würde! Wie wäre es möglich, eine solche — Enthüllung, kann ich ja sagen, in der Schule gewissermaassen todt zu schweigen, oder die Ueberlieferung der grössten und wichtigsten Fortschritte, die unsere Anschauungen im ganzen Jahrhundert gemacht haben, in das Ermessen des Pädagogen zu stellen! Ja, meine Herren, das wäre in der That eine Resignation[2] der schwersten Art, und in Wirklichkeit würde. sie auch gar nicht geübt werden. Jeder Schulmeister, der diese Lehre in sich aufnähme, würde sie, auch unwillkürlich, lehren. Wie sollte er das anders machen! Er müsste sich gänzlich verstellen, er müsste sich auf die allerkünstlichste Weise zeitweise seines eigenen Wissens berauben, um nicht zu verrathen, dass er die Descendenztheorie kennt und festhält, und dass er genau weiss, wie der Mensch entstanden ist und von wannen[3] er kommt. Wenn er auch nicht weiss, wohin er geht, so würde er doch wenigstens glauben genau zu wissen, wie sich im Laufe von Aeonen[4] die fortschreitende Reihe gestaltet hat. Ich sage also, wenn wir die Aufnahme der Descendenzlehre in den Schulplan wirklich nicht verlangten, so würde sie sich von selbst vollziehen.

---

[1] *Rudolf Virchow scheint hier bereits vorauszuahnen, daß Ernst Haeckel seine Weltanschauung in einem quasi-religiösen Sinne, dem von ihm propagierten „Monismus", verstehen wird.*

[2] *Aufgeben, Abdankung.*

[3] *alte Form für: von wo.*

[4] *Zeitalter, Ewigkeit.*

Die Freiheit der Wissenschaft im modernen Staat

Wir dürfen doch nicht vergessen, meine Herren, dass das, was wir hier vielleicht noch mit einer gewissen schüchternen Zurückhaltung aussprechen, von denen da draussen mit einer tausendfach gesteigerten Zuversicht weiter getragen wird. Ich habe z. B. einmal den Satz aufgestellt — im Gegensatz zu der damals herrschenden Lehre von der Entwicklung des organischen Lebens aus unorganischer Masse[1] — dass jede Zelle von einer Zelle herstamme[2], allerdings zunächst mit besonderer Rücksicht auf die Pathologie[3] und vorzugsweise für den Menschen. Ich bemerke nebenbei, dass ich in beiden Beziehungen [12] auch noch heutigen Tages diesen Satz für vollkommen richtig halte. Allein als ich diesen Satz ausgesprochen und den Ursprung der Zelle aus der Zelle formulirt hatte, haben die anderen nicht gefehlt, welche diesen Satz nicht blos im Organischen über die Grenzen dessen, wofür ich ihn aufgestellt hatte, hinaus ausgedehnt, sondern welche ihn über die Grenzen des organischen Lebens hinaus als allgemeingültig hingestellt haben. Ich habe die

---

[1] *Lange Zeit wurde angenommen, daß Lebewesen, etwa Fliegen und Mäuse, spontan aus unbelebter Materie entstehen könnten. Dies wurde 1688 durch Experimente von Francesco Redi (1626-1697) widerlegt. Dieser zeigte, daß sich aus Fleisch, das luftdicht in einem Glas verschlossen war, keine Fliegen bildeten.*

[2] *Auf Lateinisch: omnis cellula e cellula. Erstmals formuliert in Rudolf Virchow: Die Cellularpathologie in ihrer Begründung auf physiologische und pathologische Gewebelehre, Berlin 1858.*

[3] *Die Pathologie ist ein Teilgebiet der Medizin, das sich mit krankhaften und abnormen Vorgängen und Zuständen und ihren Ursachen beschäftigt.*

wundervollsten Zusendungen aus Amerika und Europa bekommen, in welchen die ganze Astronomie und Geologie auf Zellenlehre basirt war, weil man es für unmöglich hielt, dass etwas, was für das Leben der organischen Natur auf dieser Erde entscheidend sei, nicht auch auf die Gestirne angewendet werden sollte, die doch auch runde Körper seien, welche sich geballt haben und Zellen darstellen, die in dem grossen Himmelsraume umherfahren und dort eine ähnliche Rolle spielen, wie die Zellen in unserem Leibe.

Ich kann nicht sagen, dass das etwa lauter ausgemachte Narren und Thoren gewesen wären, die das gemacht haben; ich habe aus einzelnen ihrer Auseinandersetzungen vielmehr die Vorstellung gewonnen, dass mancher an sich gebildete Mann, der viel studirt hatte und sich endlich an die Probleme der Astronomie machte, nicht begreifen konnte, dass die Zweckmässigkeit der Himmelserscheinungen in anderer Weise begründet sein sollte, wie die Zweckmässigkeit der menschlichen Organisation, so dass er, um eine einheitliche Anschauung zu gewinnen, zuletzt dahin kam, anzunehmen, der Himmel müsste auch ein Organismus, ja die ganze Welt müsste ein zweckmässig gestalteter Organismus sein, und darin könnte kein anderes Princip als das Zellenprincip gelten. Ich führe das nur an, um zu zeigen, wie sich nach Aussen hin die Dinge machen, wie sich die „Theorie" vergrössert, wie unsere Sätze in einer für uns selbst erschreckenden Gestalt zu uns zurückkehren. Nun stellen sie sich einmal vor, wie sich die Descendenztheorie heute schon im Kopfe eines Socialisten darstellt![1]

---

[1] *Bei den Sozialdemokraten stößt die Darwinsche Lehre auf gro-*

Die Freiheit der Wissenschaft im modernen Staat

Ja, meine Herren. das mag Manchem lächerlich erscheinen, aber es ist sehr ernst, und ich will hoffen, dass die Descendenztheorie für uns nicht alle die Schrecken bringen möge, die ähnliche Theorien[1] wirklich im Nachbarlande angerichtet haben. Immerhin hat auch diese Theorie, wenn sie consequent durchgeführt wird, eine ungemein bedenkliche Seite, und dass der Socialismus mit ihr Fühlung gewonnen hat, wird Ihnen hoffentlich nicht entgangen sein. Wir müssen uns das ganz klar machen.

Nichts destoweniger, die Sache möchte so gefährlich sein, wie sie [13] wollte, die Bundesgenossen möchten so schlimm sein, wie sie wollten, sage ich doch: in dem Augenblicke, wo wir die Ueberzeugung gewönnen, die Descendenztheorie sei eine vollständig stabilirte[2] Lehre, welche so sicher ist, dass wir sie beschwören, dass wir sagen können, so ist es, — da würden wir kein Bedenken tragen dürfen, sie ins Leben einzuführen, sie nicht blos jedem Gebildeten zu überliefern,

---

ßes Interesse. Zum einen paßt sie zu der Selbsteinschätzung, man sei besonders wissenschaftlich, zum anderen läßt sie sich auch antireligiös einsetzen.

[1] *Rudolf Virchow steht der Evolutionstheorie nicht nur skeptisch gegenüber, weil er sie zwar für plausibel, aber noch nicht hinreichend bewiesen hält; er sieht auch die politischen Implikationen kritisch, die manche aus ihr ziehen wollen. Welche „ähnlichen Theorien" genau gemeint sind, ist unklar. Vermutlich meint er aufklärerische Theorien und deren Einfluß auf die Französische Revolution. Das „Nachbarland" ist auf jeden Fall Frankreich.*

[2] *gesicherte.*

sondern sie jedem Kinde mitzugeben, sie zur Grundlage unserer ganzen Vorstellung von der Welt, der Gesellschaft und dem Staate zu machen und daraufhin den Unterricht zu gründen.

Das halte ich für eine Nothwendigkeit.

Ich scheue dabei auch gar nicht vor dem Vorwurfe zurück, der zu meinem Erstaunen, während ich in Russland abwesend war, in meinem preussischen Vaterlande[1] grossen Rumor[2] gemacht hat, vor dem Vorwurfe des Halbwissens. Merkwürdigerweise hat eine unserer sogenannten liberalen Zeitungen die Frage aufgeworfen, ob nicht der grosse Schaden dieser Zeit und der Socialismus insbesondere auf der Ausbreitung des Halbwissens beruhe. In dieser Beziehung möchte ich doch auch hier, in Mitte der Naturforscherversammlung, constatiren[3], dass alles menschliche Wissen Stückwerk ist. Wir Alle, die wir uns Naturforscher nennen, besitzen nur Stücke von der Naturwissenschaft; keiner von uns kann hierhertreten und mit gleicher Berechtigung jede Disciplin vertreten und an einer Discussion in jeder Disciplin theilnehmen. Im Gegentheile, wir schätzen die einzelnen Gelehrten gerade deshalb so sehr, weil sie in einer gewissen einseitigen Richtung sich entwickelt haben. Auf anderen Gebieten befinden wir uns Alle im Halbwissen. Könn-

---

[1] *Rudolf Virchow stammt aus Pommern und wurde in Schivelbein geboren.*

[2] *Aufruhr, Aufschrei.*

[3] *feststellen.*

ten wir nur dahinkommen, dieses Halbwissen mehr zu verbreiten, könnten wir es zu Stande bringen, dass wir wenigstens die Mehrzahl aller Gebildeten soweit förderten, dass sie die Hauptrichtungen, welche die einzelnen Disciplinen der Naturwissenschaften verfolgen, soweit übersehen[1], um ohne zu grosse Schwierigkeiten der Entwickelung derselben folgen zu können, und dass sie, auch wenn sie sich nicht in jedem Augenblick der Totalität[2] aller Einzelbeweise klar wären, doch von dem Gesammtgange der Wissenschaft durchdrungen würden. Viel weiter kommen wir ja auch nicht. Ich habe z. B. in meinem Leben mich redlich bemüht, chemische Kenntnisse zu erwerben; ich habe selbst chemisch gearbeitet, allein ich fühle mich ganz ausser Stand, mich ohne Weiteres etwa in ein chemisches Conventikel[3] zu setzen und moderne Chemie in allen Richtungen zu discutiren. Nichtsdestoweniger bin ich befähigt, mich in [14] einiger Zeit soweit in das Verständniss zu bringen, dass mir keine chemische Neuerung als ein unfassbares Ding entgegentritt. Aber dieses Verständniss muss ich mir immerhin erst neu erwerben, ich habe es nicht schon; wenn ich es gebrauchen will, muss ich es erst wieder erwerben. Das, was mich ziert, ist eben die K e n n t n i s s   m e i n e r   U n - w i s s e n h e i t[4]. Das ist das Wichtigste, dass ich genau

---

[1] überblicken.

[2] Gesamtheit.

[3] Zusammenkunft zu Zwecken der Erbauung und Andacht, besonders bei den Pietisten.

[4] Der Ausspruch "ich weiß, dass ich nichts weiß" wurde erstmals

weiss, was ich von Chemie n i c h t verstehe. Wüsste ich das nicht, dann würde ich allerdings immer hin- und herschaukeln. Da ich aber, wie ich mir einbilde, ziemlich genau weiss, was ich nicht weiss, so sage ich mir jedesmal, wenn ich genöthigt bin, in ein für mich noch verschlossenes Gebiet einzutreten: „jetzt musst du wieder anfangen zu lernen, jetzt musst du neu stu- diren, jetzt musst du es machen, wie Jemand, der in die Wissenschaft eintritt". Der grosse Irrthum, der sich eben auch bei vielen Gebildeten fortsetzt, beruht darin, dass man sich nicht vergegenwärtigt, wie bei der immensen Grösse der Naturwissenschaften und bei der unerschöpflichen Fülle des Einzelmaterials es für keinen Lebenden möglich ist, die Gesammtheit aller dieser Einzelnheiten zu beherrschen. Dass man soweit kommt, in den G r u n d l a g e n der Naturwissenschaf- ten klar zu sein, und die Lücken, die man selbst be- sitzt, genau kennen zu lernen, damit man jedesmal, wo man auf eine solche Lücke stösst, sich sagt, jetzt gehst du in ein dir unbekanntes Gebiet hinein, — das ist das, was wir erreichen müssen. Wenn sich Jedermann dar- über hinreichend klar würde, so würde Mancher an seine Brust klopfen und bekennen, dass es eine be- denkliche Sache ist, ganz allgemeine Folgerungen zu ziehen in Bezug auf die Geschichte aller Dinge, wäh- rend man selbst nicht einmal ganz Herr über das Ma-

---

von Cicero (106–43 v. Chr.) in dessen literarischem Dialog „Academica" verwendet. Danach soll es sich um eine Aussage von Sokrates in dessen Verteidigungsrede handeln. Allerdings ist die Übersetzung aus dem Griechischen nicht genau. Wörtlich übersetzt müßte das Zitat lauten: "Ich weiß, daß ich nicht weiß".

terial ist, aus welchem heraus man diese Schlüsse ziehen will.[1]

Es ist leicht gesagt: „eine Zelle besteht aus kleinen Theilchen, und diese nennen wir Plastidule[2]; Plastidule aber bestehen aus Kohlenstoff, Wasserstoff, Sauerstoff und Stickstoff und sind mit einer besonderen Seele ausgestattet; diese Seele ist das Product oder die Summe der Kräfte, welche die chemichen Atome besitzen." Das ist ja möglich, ich kann es nicht genau beurtheilen. Es ist das eine von den für mich noch unnahbaren Stellen; ich fühle mich da, wie ein Schiffer, der auf eine Untiefe geräth, deren Ausdehnung er nicht übersehen kann. Aber ich muss doch sagen, ehe man mir nicht die Eigenschaften von Kohlen-, Wasser-, Sauer-, und Stickstoff so definiren kann, dass ich begreife, wie aus ihrer Summirung eine Seele wird, eher kann ich nicht zugestehen, dass wir etwa berechtigt wären, [15] die Plastidul-Seele in den Unterricht einzuführen, oder überhaupt von jedem Gebildeten zu verlangen, dass er sie so sehr als wissenschaftliche Wahrheit anerkenne, um damit logisch zu operiren und daraufhin seine Weltanschauung zu begründen. Das können wir wirklich nicht verlangen. Im Gegentheil, ich meine, bevor wir solche Thesen als den Ausdruck der Wissenschaft bezeichnen, bevor wir sagen, das ist moderne Wissenschaft, müssten wir erst eine ganze Reihe von langwierigen Untersuchungen durch-

---

[1] *Ein Seitenhieb auf Ernst Haeckel und dessen raschen Übergang zu allgemeinen Spekulationen.*

[2] *Zur Plastidul-Theorie von Ernst Haeckel siehe die Fußnote weiter oben.*

führen. Wir müssen daher den Schullehrern
sagen, lehrt das nicht. Das, meine Herren, ist
die Resignation[1], welche meiner Meinung nach auch
diejenigen üben müssten, welche an sich eine solche
Lösung für das wahrscheinliche Ende der wissenschaftlichen Untersuchung halten. Darüber können
wir doch keinen Augenblick streiten, dass wenn diese
Seelenlehre wirklich richtig wäre, sie erst durch eine
lange Reihe wissenschaftlicher Forschungen sicher gestellt werden könnte.

Es giebt eine Reihe von Erlebnissen in den Naturwissenschaften, an denen wir zeigen können, wie
lange gewisse Probleme schweben, ehe es möglich
wird, ihre wirkliche Lösung zu finden. Wenn diese Lösung endlich gefunden wird, in einem Sinne, der vielleicht schon Jahrhunderte vorher vorgeahnt war, so
folgt daraus nicht, dass während dieser, blos der Ahnung oder der Speculation angehörigen Zeiten das
Problem als eine wissenschaftliche Thatsache hätte
gelehrt werden dürfen.

Herr Klebs hat neulich das Contagium animatum[2] besprochen, d. h. die Vorstellung, dass die An-

---

[1] *Verzicht, Eingeständnis.*

[2] *Der Begriff in seiner modernen Verwendung geht auf den Arzt,
Anatomen und Pathologen Friedrich Gustav Jakob Henle (1809-
1885) zurück, der in seiner Monographie "Von den Miasmen
und Contagien und von den miasmatisch-contagiösen Krankheiten" Entzündungen durch ein ansteckendes Lebewesen, das
"contagium animatum", in Betracht zog, bevor die ersten bakte-
riellen Krankheitserreger entdeckt worden waren.*

steckung bei Krankheiten sich durch lebendige Wesen vollziehe und dass diese Wesen die Krankheitsursachen seien.[1] Die Lehre vom Contagium animatum verliert sich in das Dunkel des Mittelalters.[2] Wir haben diesen Namen von unseren Vorvätern überkommen[3], er tritt schon scharf hervor im 16. Jahrhundert.[4] Wir besitzen aus jener Zeit einzelne Werke, welche das Contagium animatum als einen wissenschaftlichen Lehrsatz aufstellen, mit derselben Zuversicht, mit derselben Art der Begründung, wie die Plastidul-Seele gegenwärtig aufgestellt wird. Nichtsdestoweniger hat

---

[1] *Vorherige Theorien hatten „Miasmen", üble Dünste, als die Ursache von Krankheiten postuliert. Daher rührt etwa der Begriff „Malaria" (schlechte Luft).*

[2] *Beobachtungen legten schon früh nahe, daß es einen Anstekkungsweg über belebte Wesen geben könnte, was aber den klassischen, von den Griechen übernommenen Vorstellungen über Miasmen widersprach. Schon im 14. Jahrhundert kam etwa die Quarantäne von Pestkranken auf, die im Einklang mit einer derartigen Theorie stand.*

[3] *ererbt, übernommen.*

[4] *Der italienische Forscher Girolamo Fracastoro (von etwa zwischen 1476 und 1478 bis 1553) vermutete 1546, daß epidemische Krankheiten durch samenartige Erreger verbreitet werden könnten. Der französische Arzt Nicolas Andry de Bois-Regard (1658–1742) postulierte später, daß Mikroorganismen Krankheiten verursachen, ähnlich auch 1720 der englische Naturwissenschaftler Richard Bradley (1688-1732). Die Keimtheorie zur Entstehung von Krankheiten setzte sich nach Vorarbeiten erst ab Mitte des 19. Jahrhunderts langsam durch und war lange Zeit umstritten.*

man lange Zeit hindurch die lebendigen Krankheitsursachen nicht auffinden können. Das 16. Jahrhundert
hat sie nicht gefunden, das 17. nicht, das 18. nicht. Im
19. Jahrhundert hat man angefangen, Stück für Stück
Contagia animata[1] wirklich zu finden. Die Zoologie,
wie die Botanik haben ihre Beiträge dazu geliefert; wir
haben Thiere und Pflanzen kennen gelernt, welche
Contagien darstellen und es hat [16] sich ein gewisser
Theil der Contagienlehre in Zoologie und Botanik
aufgelöst[2], ganz im Sinne der Theorien des 16. Jahrhunderts. Allein Sie werden schon aus dem Vortrage
des Herrn Klebs ersehen haben, dass man noch lange nicht am Ende der Beweisführung ist. Wenn man
auch noch so sehr disponirt[3] ist, die Allgemeingültigkeit der alten Lehre zuzugestehen, nachdem nun eine
Reihe von neuen lebenden Contagien hinzugekommen
ist, nachdem wir den Milzbrand[4], die Diphtherie[5] als
Krankheiten erkannt haben, die durch besondere Or-

---

[1] Mehrzahl von „contagium animatum" (etwas Ansteckendes,
das lebendig ist).

[2] Bakterien werden hier wohl den Tieren, Pilze den Pflanzen zugerechnet, wie man das heute nicht mehr machen würde.

[3] dafür eingenommen.

[4] Der Milzbranderreger (Bacillus anthracis) wurde 1849 von
Aloys Pollender (1799-1879) in Schafsblut entdeckt. Erst Robert
Koch (1843-1910) gelang es, ihn in Kultur zu züchten und zu
untersuchen. Er beschrieb den Erreger im Jahre 1876.

[5] Der Erreger, Corynebacterium diphtheriae, wurde 1883 von
Edwin Klebs identifiziert.

ganismen bedingt sind, so darf man doch noch nicht sagen, es müssen nun alle contagiösen[1] oder gar alle infectiösen[2] Krankheiten durch lebendige Ursachen bedingt sein. Nachdem sich gezeigt hat, dass eine Lehre, welche schon im 16. Jahrhundert aufgestellt wurde, und welche seitdem hartnäckig in den Vorstellungen der Menschen immer wieder aufgetaucht ist, endlich seit dem zweiten Decennium[3] dieses Jahrhunderts nach und nach immer mehr positive Beweise für ihre Richtigkeit erhalten hat, so könnte man wohl meinen, es sei eine Pflicht, sich im Sinne der inductiven Erweiterung[4] unseres Wissens vorzustellen, alle Contagien und Miasmen[5] seien belebt. Ja, meine Herren, ich will zugestehen, dass diese Auffassung eine sehr grosse Wahrscheinlichkeit für sich hat. Selbst diejenigen Forscher, welche nicht soweit gegangen sind, die Contagien und Miasmen in der bezeichneten Zwischenzeit für wirklich belebte Wesen zu halten, haben doch immer gesagt, sie stehen den belebten Wesen sehr nahe, sie

---

[1] *ansteckend durch unmittelbaren Kontakt.*

[2] *ansteckend im allgemeinen Sinne, etwa durch Kontakt, aber auch durch Überträger (z. B. Malaria durch Mücken).*

[3] *Jahrzehnt.*

[4] *Nicht deduktiv aus allgemeine Prinzipien geschlossen, sondern induktiv aus Beobachtungen hergeleitet.*

[5] *Rudolf Virchows vorsichtige Schlußweise ist berechtigt. Es gibt auch Krankheitserregung etwa durch Strahlung, Gifte und andere schädliche Stoffe sowie durch Viren, die keine selbständig lebenden Organismen bilden. Das ist zu der Zeit fast alles noch nicht bekannt, aber eben auch nicht auszuschließen.*

haben Eigenschaften an sich, welche wir sonst nur bei belebten Wesen sehen, sie pflanzen sich fort, sie vermehren sich,[1] sie regeneriren sich unter besonderen Umständen[2]; sie erscheinen wie wirkliche organische Körper. Allein trotzdem haben sie mit Recht gewartet, bis der Nachweis der inficirenden Organismen geliefert war. Und so gebietet die Vorsicht auch jetzt noch Zurückhaltung.

Wir dürfen nicht vergessen, dass die Geschichte unserer Wissenschaften eine grosse Menge von Thatsachen darbietet, welche uns lehren, dass sehr verwandte Erscheinungen auf sehr verschiedene Weise sich vollziehen können. Als die Gährung auf besondere Pilze zurückgeführt war[3], als man erfuhr, dass die Fermentation[4] an die Entwicklung gewisser Pilze geknüpft sei, da lag es in der That sehr nahe, sich vorzu-

---

[1] *Das würde in einem gewissen Sinne für Viren gelten. Den ersten Hinweis auf ihre Existenz brachten Experimente ab den 1880er Jahren, daß Filter, durch die Bakterien nicht hindurchgelangen konnten, dennoch Krankheitserreger durchließen.*

[2] *Neben Viren könnte sich das auch auf Sporen beziehen, die sich aus Bakterien bilden können. Diese können sehr widerstandsfähig sein, und aus ihnen können sich die Bakterien wieder bilden.*

[3] *Louis Pasteur (1822–1895) konnte in den 1850er und 1860er Jahren nachweisen, daß die Gärung durch lebende Organismen hervorgerufen wird. Sehr aktuell zur Zeit des Vortrags ist seine Veröffentlichung "Etudes sur la Bière" (Studien über das Bier) von 1877.*

[4] *Gärung.*

stellen, dass nach Art der Fermentation alle jene ihr verwandten Processe sich vollzogen, für die man den Namen der „katalytischen"[1] aufgestellt hat, und die sich so vielfach im menschlichen und thierischen Körper, wie in den Pflanzen vorfinden. Es [17] hat in der That an Gelehrten nicht gefehlt, welche sich vorgestellt haben, dass die Verdauung, welche ja einer der Vorgänge ist, die eine grosse Aehnlichkeit mit den fermentativen Processen haben, dadurch entstehe, dass in dem Magen — speciell beim Rindvieh ist die Frage practisch discutirt worden, — gewisse Pilze, welche vielfach vorkommen, in ähnlicher Weise die Verdauung vermittelten, wie die Gährungspilze die Gährung vermitteln. Wir wissen jetzt, dass die Verdauungssäfte absolut nichts zu thun haben mit Pilzen. So sehr sie katalytische Eigenschaften besitzen, so sicher sind wir doch, dass ihre wirksamen Stoffe chemische Körper sind[2], die wir extrahiren[3], die wir von den übrigen Stoffen isoliren und isolirt ohne irgend eine Beimischung lebender Gebilde wirken lassen können. Wenn der menschliche Speichel befähigt ist, in der kürzesten Zeitfrist Stärke und Gummi in Zucker umzuwandeln, und wenn jedesmal, wenn wir Brod essen,

---

[1] *Auslösung oder Beschleunigung eines chemischen Ablaufs durch einen Katalysator. Der Begriff "Katalyse" geht auf den schwedischen Mediziner und Chemiker Jöns Jakob Berzelius (1779-1848) zurück, der erstmals 1835 das Prinzip erkannte.*

[2] *Etwa die Magensäure oder die Enzyme, die verschiedene Organe in den Darm abgeben. Allerdings spielen auch Bakterien bei der Verdauung eine Rolle.*

[3] *herauslösen, herausziehen.*

in unserem Munde diese Neu-Erzeugung „süssen" Brodes sich vollzieht, so ist daran kein Pilz betheiligt, kein Gährungs-Organismus, sondern es sind chemische Substanzen, welche in ganz ähnlicher Weise, wie das im Innern eines Pilzes geschieht, die Umsetzung der Stoffe zu Stande bringen.[1] Wir sehen also, dass zwei Processe, die sich sehr nahe stehen, der eine im Innern eines Gährungspilzes, der andere im menschlichen Verdauungstracte auf verschiedene Weise erregt werden; der gleiche Vorgang ist das eine Mal geknüpft an einen bestimmten pflanzlichen Organismus[2], das andere Mal wird er ohne einen solchen, einfach durch freie Flüssigkeit vollzogen.

Ich würde es für ein grosses Unglück halten, wenn man nicht in gleicher Weise, wie es hier geschehen ist, fortfahren wollte, in jedem einzelnen Falle zu ermitteln, ob die V o r a u s s e t z u n g, die man hat, die V o r s t e l l u n g, die man sich gebildet hat und die höchst wahrscheinlich sein mag, auch wirklich wahr, ob sie t h a t s ä c h l i c h berechtigt ist. Ich will in dieser Beziehung daran erinnern, dass wir auch unter den infectiösen Krankheiten Fälle haben, bei denen ganz unzweifelhaft ein gleicher Gegensatz vorliegt. Mein Freund K l e b s wird mir wohl verzeihen müssen, wenn ich auch noch jetzt, trotz der neuen Fortschritte, welche die Lehre von den inficirenden Pilzen gemacht hat, immer noch in der Reserve beharre, dass ich immer

---

[1] *Etwa α-Amylase, die vom Menschen im Speichel produziert wird und Stärke und Glykogen in ihre Bestandteile (Maltose, Dextrin) zerlegt. Dabei entsteht ein süßer Geschmack.*

[2] *Pilze werden in der Zeit noch dem Pflanzenreich zugeordnet.*

nur denjenigen Pilz zugestehe, der wirklich nachgewiesen ist, und dass ich alle anderen Pilze so lange leugne, bis sie mir nicht factisch entgegen getreten sind. Es giebt unter den Infectionskrankheiten eine [18] gewisse Gruppe, die durch organische Gifte entstehenden, — ich will nur eine daraus hervorheben, die meiner Meinung nach sehr lehrreich ist, die Vergiftung durch Schlangenbiss, eine sehr berühmte und höchst merkwürdige Form. Wenn diese Art von Vergiftung verglichen wird mit denjenigen Arten von Vergiftung, die wir gewöhnlich Infectionskrankheiten nennen (Infection heisst nicht viel anderes als Vergiftung), so muss man zugestehen, dass die grössten Analogien in dem Verlaufe in beiden Fällen vorhanden sind. Nichts würde in Bezug auf den Verlauf der Annahme entgegenstehen, dass die Summe vor *[sic]* Vorgängen, welche sich nach einem Schlangenbisse im menschlichen Körper vollziehen, zu Stande komme, indem Pilze in den Körper eindrängen und in verschiedenen Organen Veränderungen hervorriefen. In der That kennen wir gewisse Processe, z. B. septische[1], bei denen sich ganz ähnliche Erscheinungen zeigen, und es ist nicht zu verkennen, dass gewisse Formen von Schlangenbissvergiftung und gewisse Formen von septischer Infection[2] sich so ähnlich sehen, wie ein Ei dem anderen.

---

[1] *Bei einer Sepsis, landläufig auch als „Blutvergiftung" bezeichnet, bricht das Immunsystem zusammen. Hierdurch können sich Bakterien, Pilze, usw. verbreiten, was zu lebensbedrohlichen Zuständen führt.*

[2] *Rudolf Virchow scheint hier einen einheitlichen Erreger zu vermuten, was nicht richtig ist.*

Rudolf Virchow

Und doch haben wir nicht den mindesten Grund, beim Schlangenbiss den Import von Pilzen zu vermuthen, während wir umgekehrt bei septischen Processen diesen Import anerkennen.[1]

Die Geschichte unserer Naturwissenschaft hat zahlreiche Beispiele welche uns immer mehr dahinbringen sollten, dass wir die Gültigkeit unserer Lehrsätze auf die allerstrikteste Weise auf dasjenige Gebiet begrenzen, auf dem wir sie wirklich darthun können, und dass wir nicht auf dem Wege der Induction[2] soweit gehen, Lehrsätze, welche nur für einen oder einige Fälle bewiesen sind, ohne Weiteres ins Ungemessene auszudehnen. Nirgends ist die Nothwendigkeit einer solchen Beschränkung mehr zu Tage getreten, als gerade auf dem Gebiete der Entwickelungsgeschichte[3]. Die Frage von der ersten Entstehung organischer Wesen, diese Frage, welche auch dem fortgeschrittenen Darwinismus zu Grunde liegt, ist eine uralte.[4] Wer zu-

---

[1] *Eine Sepsis kann auch durch Bakterien erfolgen, weshalb Rudolf Virchow in dieser Hinsicht unrecht hat. Er hat aber recht, daß die Auswirkungen von Schlangenbissen nichts mit Pilzen zu tun haben.*

[2] *Schlußfolgerung aus den empirischen Daten.*

[3] *Entwicklung der Arten.*

[4] *Daß Lebewesen spontan aus unbelebter Materie entstehen könnten und dies ein häufiger Vorgangs sei, vermute schon Aristoteles (384–322 v. Chr.). Seine Lehre blieb bis in das Mittelalter verbindlich und wurde erst 1668 vom italienischen Arzt Francesco Redi (1626–1697) widerlegt, der zeigte, daß sich aus Fleisch keine Fliegen entwickelten, wenn sich das Fleisch in einem luftdichten Behältnis befand.*

erst die einzelnen Lösungen dafür zu finden versucht
hat, das weiss man gar nicht. Wenn wir aber die alte
populäre Lehre uns vergegenwärtigen, wonach alle
möglichen lebenden Wesen, Thiere und Pflanzen, aus
je einem Erdenklosse hervorgehen können[1], — einem
Klösschen unter Umständen, — so sollten wir uns
zugleich erinnern, dass die berühmte Lehre von der
Generatio aequivoca[2], der Epigenesis[3], damit eng zu-
sammenhängt, und dass sie in Aller Vorstellung seit
Jahrtausenden ist. Nun ist mit dem Darwinismus die
Lehre von der Ur-[19]-zeugung wieder aufgenommen
worden, und ich kann nicht leugnen, es hat etwas sehr
Verführerisches, diesen Abschluss der Descendenztheorie zu machen, und, nachdem man die ganze Reihe der Lebensformen von den niedrigsten Protisten[4]
bis zu dem höchsten menschlichen Organismus aufge-

---

[1] *Nach Aristoteles entwickelt sich ein Embryo aus einer formlo-
sen Masse, die erst durch ein „eidos" zu einem Lebenswesen
werde. Ähnliche Vorstellungen gibt es auch in der Schöpfungsgeschichte der Bibel, wo der Mensch von Gott aus einem Lehm-
klumpen gemacht wird.*

[2] *Urzeugung von Leben aus unbelebter Materie.*

[3] *Aristoteles nahm an, daß ein Organismus Strukturen heraus-
bildet, die nicht im Ei oder Samen angelegt sind, was also Resultat einer nachträglichen Entstehung (epigenesis) sei.*

[4] *Ernst Haeckel postulierte 1866 ein eigenes Taxon (Ordnung),
die Protisten, zu dem mikroskopische Lebewesen gehören sollten, die keine Tiere, Pflanzen oder Pilze sind. Aus heutiger Sicht
handelt es sich um einen Sammelbegriff für nicht näher verwandte Lebenwesen, unter den alle ein- bis wenigzelligen Euka-
ryoten, also Algen, Protozoen und einige Pilze fallen.*

stellt hat, diese lange Reihe auch noch anzuknüpfen an die unorganische Welt. Es entspricht das jener Richtung zur Generalisation, welche so sehr menschlich ist, dass sie zu allen Zeiten bis in die graueste Vorzeit hin in den Speculationen der Völker ihren Platz gefunden hat. Wir haben unweigerlich das Bedürfniss, die organische Welt nicht herauszulösen aus dem Ganzen, als etwas von dem Ganzen sich Trennendes, sondern vielmehr ihren Zusammenhang mit dem Ganzen zu sichern. In diesem Sinne hat es etwas Beruhigendes, wenn man sagen kann, die Atomengruppe Kohlenstoff und Compagnie[1] — das ist vielleicht zu kurz gesagt, aber doch correct, insofern Kohlenstoff das Wesentliche sein soll — also diese Genossenschaft, Kohlenstoff und Cie.[2], habe sich zu einer gewissen Zeit von dem gewöhnlichen Kohlenstoff abgelöst und unter besonderen Umständen das erste Plastidul gegründet[3], und sie gründe nun auch gegenwärtig weiter. Dem gegenüber muss aber betont werden, dass alle wirkliche wissenschaftliche Kenntniss über die Lebensvorgänge den umgekehrten Weg gegangen ist. Wir

---

[1] *Gesellschaft, wie in einem Firmennamen „& Co."*

[2] *Abkürzung für "Compagnie".*

[3] *Das Wort „gründen" hat in der Zeit einen negativen Beigeschmack. Während der sogenannten „Gründerzeit" nach Etablierung des Deutschen Reiches kam es zu einem Börsenboom, der 1873 mit dem „Gründerkrach" endete. Viele der neuen Aktiengesellschaften stellten sich als unsolide und manche sogar als betrügerisch heraus. Entsprechend waren „Gründer" verrufen. Rudolf Virchow spottet hier über die naiven Übertragungen von Ernst Haeckel.*

datiren den Anfang unserer wirklichen Kenntnisse von der Entwickelung der höheren Organismen von jenem Tage, wo Harvey[1] den berühmten Satz aussprach: omne vivum ex ovo[2], jedes lebende Wesen stammt aus einem Ei. Dieser Satz ist, wie wir jetzt wissen, in seiner Allgemeinheit unrichtig.[3] Wir können ihn heutzutage als einen vollberechtigten nicht mehr anerkennen; wir wissen im Gegentheil, dass eine ganze Menge von Zeugungen und Fortpflanzungen ohne Ei existirt. Von Harvey bis auf unseren berühmten Freund von Siebold[4], der der Parthenogenesis[5] zu ihrer vollen Anerkennung verholfen hat, liegt eine ganze Reihe von immer weiteren Beschränkungen vor, welche darthun, dass der Satz: omne vivum ex ovo in seiner Allgemeinheit unrichtig war. Nichtsdestoweniger würde es

---

[1] *William Harvey (1578–1657) war ein britischer Arzt, der als erster den Blutkreislauf richtig erklärte. Frühere Ansichten waren davon ausgegangen, daß das Blut in der Leber gebildet und im Körper verbraucht werde.*

[2] *Alles Lebendige aus einem Ei.*

[3] *Bakterien pflanzen sich etwa ungeschlechtlich durch Zellteilung fort.*

[4] *Carl Theodor Ernst von Siebold (1804-1885) war ein deutscher Arzt und Zoologe. Rudolf Virchow bezieht sich bei seiner Bemerkung auf dessen Schriften: "Wahre Parthenogenesis bei Schmetterlingen und Bienen" (1856) sowie "Beiträge zur Parthenogenesis der Arthropoden" (1871).*

[5] *Eingeschlechtliche Fortpflanzung, bei der sich die Nachkommen aus unbefruchteten Eizellen entwickeln, etwa bei gewissen Fischarten, Krebsen, Würmern, Eidechsen, usw.*

die höchste Undankbarkeit sein, wenn wir nicht anerkennen wollten, dass in dem Gegensatze, in den Harvey zu der alten Generatio aequivoca[1] trat, der grösste Fortschritt begründet gewesen ist, den die Wissenschaft auf diesem Gebiete gemacht hat. Man hat nachher eine grosse Reihe von neuen Formen kennen gelernt, in denen sich die Fortpflanzung der verschiedenen Arten lebendiger We-[20]-sen vollzieht, in denen neue Individuen entstehen, — die directe Theilung[2], die Knospenbildung[3], den Generationswechsel[4]. Alle diese Erfahrungen einschliesslich der Parthenogenesis sind Errungenschaften, welche uns dahin gebracht haben, jedes einheitliche Schema für die Erzeugung organischer Individuen aufzugeben. An die Stelle des einheitlichen Satzes ist eine Mehrheit von Erfahrungssätzen getreten; wir haben jetzt gar keinen einheitlichen Satz mehr, durch welchen wir Jemanden ein für allemal klar machen könnten, wie ein neues thierisches Wesen beginnt.

---

[1] *Urzeugung von Lebewesen unmittelbar aus unbelebter Materie. Bis dahin wurde angenommen, daß dies eine übliche Art sei, wie Lebewesen entstehen. Harvey vertrat demgegenüber die Ansicht, daß nur eine Fortpflanzung zu neuen Lebewesen führen könne.*

[2] *Etwa bei Bakterien.*

[3] *Bakterien können sich auch ungleichmäßig teilen. Bei Pflanzen kann es zu Ausstülpungen kommen, aus denen sich eigenständige Ableger entwickeln.*

[4] *Hierbei wechseln sich in den Generationen geschlechtliche und ungeschlechtliche Fortpflanzung miteinander ab, etwa bei gewissen Moosen und Farnen.*

Auch die Generatio aequivoca, die so oft bekämpft und so oft widerlegt ist, tritt nichtsdestoweniger immer wieder uns gegenüber. Freilich kennt man keine einzige p o s i t i v e T h a t s a c h e, welche darthäte, dass je eine Generatio aequivoca stattgefunden hat, dass je eine Urzeugung in der Weise geschehen ist, dass unorganische Massen, also etwa die Gesellschaft Kohlenstoff und Cie., jemals freiwillig sich zu organischen Massen entwickelt hätten. Nichtsdestoweniger gestehe ich zu, dass, wenn man sich eine V o r s t e l l u n g machen w i l l, wie das erste organische Wesen von selbst hätte entstehen k ö n n e n, nichts weiter übrig bleibt, als auf Urzeugung zurückzugehen. Das ist klar! wenn ich eine Schöpfungstheorie nicht annehmen will, wenn ich nicht glauben will, dass es einen besonderen Schöpfer gegeben hat, der den Erdenkloss genommen und ihm den lebendigen Odem[1] eingeblasen hat,[2] wenn ich mir einen Vers machen will auf meine Weise, so muss ich ihn machen im Sinne der Generatio aequivoca. Tertium non datur.[3] Da bleibt nichts anderes übrig, wenn man einmal sagt: „ich nehme die Schöpfung nicht an, aber ich will eine Erklärung haben." Ist

---

[1] Atem.

[2] Wie in der Bibel beschrieben, vgl. Genesis 2:7: „Da formte Gott, der Herr, den Menschen aus Erde vom Ackerboden und blies in seine Nase den Lebensatem. So wurde der Mensch zu einem lebendigen Wesen."

[3] Ein Drittes gibt es nicht. Etwas ist entweder wahr oder falsch, und es gibt keine weitere Möglichkeit. Unter der „Generatio aequivoca" stellt sich Rudolf Virchow hier wohl eine einmalige Urzeugung vor und keine, die weiterhin fortlaufend stattfindet.

das die erste These, dann muss man zur zweiten These schreiten und sagen: ergo[1] nehme ich die Generatio aequivoca an. Aber einen thatsächlichen Beweis dafür besitzen wir nicht. Kein Mensch hat je eine Generatio aequivoca sich wirklich vollziehen sehen, und jeder, der behauptet hat, dass er sie gesehen hat, ist widerlegt worden von den Naturforschern, nicht etwa von den Theologen.

Meine Herren, ich führe das an, um unsere Unparteilichkeit im rechten Lichte erscheinen zu lassen, was doch zuweilen recht Noth thut. Wir haben immer die Waffen in uns und bei uns, um zu kämpfen gegen das, was unberechtigt ist.

Ich sage also, die theoretische Berechtigung einer solchen Formel muss ich anerkennen. Wer eine Formel haben will, wer sagt, [21] ich brauche absolut eine Formel, ich muss mit mir ins Reine kommen, ich will eine zusammenhängende Weltanschauung haben, der muss entweder eine Generatio aequivoca oder die Schöpfung annehmen; daneben giebt es nichts weiteres mehr. Wenn wir uns offen aussprechen, so kann man ja zugestehen, die Naturforscher könnten eine kleine Sympathie für die Generatio aequivoca haben. Wenn sie zu beweisen wäre, so wäre es sehr schön.

Aber wir müssen anerkennen, dass sie noch nicht bewiesen ist. Beweise fehlen noch. Wenn jedoch irgend ein Beweis gelingen sollte, so würden wir uns fügen. Aber auch dann würde erst festzustellen sein, in welcher Ausdehnung die Generatio aequivoca zulässig

---

[1] *folglich.*

ist. Wir würden in ruhiger Weise zu untersuchen fortfahren müssen, denn Niemand wird auf den Gedanken
kommen, dass die Urzeugung etwa für die Gesammtheit aller organischen Wesen Geltung hat. Möglicher
Weise träfe sie nur für eine einzelne Reihe von Wesen
zu. Ich meine aber, wir haben Zeit, auf den Beweis zu
warten. Wer sich erinnert, in wie bedauerlicher Weise
gerade in der neuesten Zeit alle Versuche, für die Generatio aequivoca in den niedrigsten Formen des
Uebergangs von der unorganischen zur organischen
Welt eine bestimmte Unterlage[1] zu finden, gescheitert
sind[2], dem sollte es doppelt bedenklich erscheinen, zu
fordern, dass diese so übel beleumundete[3] Lehre etwa
als Grundlage aller menschlichen Vorstellungen über
das Leben genommen werde. Ich darf ja voraussetzen,
dass die Geschichte vom Bathybius[1] ziemlich allen

---

[1] unterstützende Beweise.

[2] Ernst Haeckel hatte die Existenz von Lebewesen postuliert, der
Monera, die nur aus einer einzigen Substanz bestehen sollten.
Diese bildeten einen "Urschleim". Als 1868 Proben vom atlanti-
schen Meeresboden beim Verlegen von Telegraphenkabeln ge-
nommen wurden, schien sich das zu bestätigen. Die Substanz,
"Bathybius" getauft, stellte eine gelatinöse, homogene, diffuse
Masse dar, die Ernst Haeckel als Monera identifizierte. Der gan-
ze Meeresboden sei damit überzogen. Allerdings gab es nur
Proben in Alkohol, eine Bergung von lebenden Monera mißlang.
Schließlich stellte sich Mitte der 1870er Jahre heraus, daß es
sich um kolloidal ausgefälltes Kalziumsulfat handelte, das nur
bei Zugabe von Alkohol entsteht. Ernst Haeckel verteidigte seine
Theorie noch bis 1883.

[3] mit einem schlechten Ruf versehene.

Gebildeten bekannt geworden ist. Mit dem Bathybius ist wieder einmal die Hoffnung in die Tiefe versunken, dass die Generatio aequivoca sich nachweisen lasse.

Daher, meine ich, müssen wir in Bezug auf diesen ersten Punkt, auf den Punkt von dem Zusammenhange des Organischen und des Anorganischen, einfach bekennen, dass wir in der That nichts darüber wissen. Wir dürfen unsere Vermuthung nicht als eine Zuversicht, unser Problem nicht als einen Lehrsatz darstellen; das ist nicht zulässig. Wie es im Gange der Evolutionstheorien viel sicherer, viel fruchtbarer, viel mehr dem Fortschritte der beglaubigten Naturwissenschaft entsprechend gewesen ist, dass man Stück für Stück die ursprüngliche einheitliche Doctrin[2] zerlegt hat, so werden wir uns auch daran machen müssen, in der alten bekannten analysirenden Weise zunächst die organischen und die unorganischen Dinge auseinander zu halten und sie nicht vorzeitig zusammen zu werfen.

Nichts, meine Herren, ist in den Naturwissenschaften gefährlicher [22] gewesen, nichts hat ihre eigenen Fortschritte und ihre Stellung in der Meinung der Völker mehr geschädigt, als die vorzeitige Synthese[3]. Indem ich dies hier betone, möchte ich darauf hinweisen, wie gerade unser Vater O k e n geschädigt worden

---

[1] *Ernst Haeckel hatte seine Behauptung zu diesem Zeitpunkt noch nicht zurückgenommen, obwohl sie seit 1875 nicht mehr aufrecht zu erhalten war.*

[2] *Lehre, Lehrmeinung.*

[3] *Zusammenführen verschiedener Erklärungen zu einer umfassenden Theorie.*

Die Freiheit der Wissenschaft im modernen Staat

ist in der Meinung nicht blos seiner Zeitgenossen, sondern auch der nachfolgenden Generation, weil er zu denen gehörte, die der Synthese in viel breiterer Weise Zugang zu ihren Vorstellungen gestatteten, als eine strengere Methode zugelassen haben würde.[1] Meine Herren, lassen wir uns das Beispiel der Naturphilosophen[2] nicht verloren gehen; vergessen wir nicht, dass jedesmal, wenn sich vor den Augen Vieler das vollzieht, dass eine Doctrin, welche sich als eine sichere, begründete, zuverlässige, als eine auf Allgemeingültigkeit Anspruch machende dargestellt hat, sich in ihren Grundzügen als eine fehlerhafte erweist, oder in wesentlichen, grossen Richtungen als eine willkürliche und despotische[3] erfunden[4] wird, eine Menge von Menschen den Glauben an die Wissenschaft verliert. Da beginnen dann die Vorwürfe: ihr seid ja selbst

---

[1] *Lorenz Oken war bei seiner Naturphilosophie durch die idealistische Philosophie von Friedrich Wilhelm Joseph Schelling (1775-1854) beeinflußt. Er verband dabei empirische Beobachtungen mit weitreichenden deduktiven Spekulationen zu einem System, etwa mit der Behauptung, der Kopf eines Lebewesens sei eine Wiederholung des Körpers, weshalb er Korrespondenzen etwa zwischen Mund und den Eingeweiden, Nase und Lunge, Kiefer und den Gliedern oder den Zähnen und den Krallen herstellte.*

[2] *Neben Schelling wären hier etwa auch Hegel, Goethe oder Fichte zu nennen, die in ähnlicher Weise vorgingen.*

[3] *unumschränkt herrschend.*

[4] *herausgefunden („er-" im Sinne einer perfektiven Form zu „finden", d. h. etwas als ein Resultat finden).*

nicht sicher; eure Lehre, die heute Wahrheit heisst, ist morgen Lüge; wie könnt ihr verlangen, dass eure Lehre Gegenstand des Unterrichts und des allgemeinen Bewusstseins werde? Aus solchen Erfahrungen entnehme ich eben die Warnung, dass, wenn wir fortfahren wollen, auf die Aufmerksamkeit Aller Anspruch zu machen, wir der Versuchung Widerstand leisten müssen, unsere Vermuthungen, unsere blos theoretischen und speculativen Gebäude so in den Vordergrund zu schieben, dass wir von da aus die ganze übrige Weltanschauung construiren wollen.[1]

Wenn es richtig ist, was ich vorhin gesagt habe, dass das Halbwissen gewissermassen die Eigenschaft aller Naturforscher ist, dass in vielen, ja vielleicht in den meisten der Nebenzweige ihrer eigenen Wissenschaft auch die Naturforscher Halbwisser seien, wenn ich dann gesagt habe, der wahre Naturforscher sei dadurch ausgezeichnet, dass er sich über die Grenze seines Wissens und seines Nichtwissens vollkommen klar sei, so sehen Sie wohl, meine Herren, werden wir auch dem übrigen Publicum gegenüber unsere Ansprüche darauf beschränken müssen, zu verlangen, dass das, was jeder einzelne Forscher in seiner Richtung, in seiner Disciplin als die zuverlässige und Allen gemeinsame Wahrheit bezeichnen kann, in die allgemeine Lehre aufgenommen werde.

---

[1] *Das ist natürlich auf Ernst Haeckel bezogen mit seinen beiden Neigungen, große spekulative Systeme zu bauen und mit diesen sehr schnell in die Öffentlichkeit zu drängen, als wären sie bereits feststehende Wissenschaft.*

Die Freiheit der Wissenschaft im modernen Staat

Wir haben in dieser Umgrenzung unseres Wissens uns vor allen Dingen zu erinnern, dass das, was man gewöhnlich die Naturwissen-[23]-schaften nennt, wie alles übrige Wissen auf der Welt, aus drei ganz verschiedenen Stücken sich zusammensetzt. Gewöhnlich unterscheidet man blos das o b j e c t i v e und das s u b - j e c t i v e Wissen, indess wir haben noch ein gewisses Mittelstück, nehmlich das des G l a u b e n s, der ja auch in der Wissenschaft existirt, nur dass er hier auf andere Dinge angewendet wird, als der religiöse Glaube. Es ist meiner Meinung nach etwas unglücklich, dass der Ausdruck Glaube so sehr von der Kirche in Anspruch genommen worden ist, dass man ihn kaum noch in nichtkirchlichen Dingen anwenden kann, ohne missverstanden zu werden. Es giebt in der That auch in der Wissenschaft ein gewisses Gebiet des Glaubens, auf dem der Einzelne nicht mehr die Beweise von der Wahrheit des Ueberlieferten aufnimmt, sondern sich eben im Wege der blossen Tradition unterrichtet: dasselbe, was wir in der Kirche haben. Umgekehrt möchte ich gleich bemerken, — und meiner Auffassung ist auch von der Kirche nicht widersprochen —, es ist nicht der Glaube allein, der in der Kirche gelehrt wird, sondern auch kirchliche Lehren haben ihre objective und ihre subjective Seite. Keine Kirche kann sich dem entziehen, in den drei bezeichneten Richtungen sich zu entwickeln: in dem mittleren, allerdings sehr breiten Glaubenswege, neben dem auf der einen Seite ein gewisses Quantum objectiver historischer Wahrheit und auf der anderen Seite eine wechselnde Reihe subjectiver und oft sehr phantastischer Vorstellungen liegt. Darin sind sich die kirchlichen und wissenschaftlichen Lehren gleich. Das liegt darin, dass der menschliche

Geist eben ein einfacher ist und dass er die Methode, die er auf einem Gebiete verfolgt, schliesslich auch auf die übrigen überträgt. Man muss sich aber jeder Zeit darüber klar werden, wie weit auf den einzelnen Gebieten jede der bezeichneten Richtungen geht. So z. B. im kirchlichen Gebiete — es ist auf diesem leichter darzustellen — haben wir das eigentliche Dogma[1], den sogenannten positiven Glauben; darüber brauche ich nicht zu sprechen. Jede Kirche hat aber auch ihre besondere historische Seite. Sie sagt: das ist geschehen, das ist vorgekommen, das hat sich ereignet. Diese historische Wahrheit wird nicht blos einfach überliefert, sondern sie tritt in dem Kleide einer objectiven Wahrheit mit bestimmten Beweisen auf. Das gilt für die christliche Religion gerade so wie für die türkische[2], für die jüdische so gut wie für die buddhistische. Daneben treffen wir auf der anderen Seite gewissermassen den linken Flügel[3], wo der Subjectivismus[1] spielt;

---

[1] *besonders religiöse Lehraussage, die nicht bezweifelt werden darf.*

[2] *Im älteren Gebrauch bezeichnet „türkisch" weniger die ethnische Gruppe, sondern vielmehr die Religion, also den Islam. Im osmanischen Reich wurden Religionen auch oft mit ethnischen Gruppen gleichgesetzt, sodaß etwa griechisch-orthodoxe Christen als Griechen angesehen wurden, auch wenn sie Türkisch sprachen. Umgekehrt wurde ein Moslem, der Griechisch sprach, den Türken zugerechnet. Bei den Zwangsumsiedlungen nach dem ersten Weltkrieg zwischen der Türkei und Griechenland landeten deshalb viele ethnisch griechische „Türken" in der Türkei, ethnisch türkische „Griechen" in Griechenland.*

[3] *Im politischen Sinne, der in der Zeit aber etwas anders als heute liegt. Die hauptsächliche Partei auf der Linken, also in Opposi-*

da träumt [24] der Einzelne, da kommen die Visionen, die Hallucinationen der Individuen. Die eine Religion fördert dieselben durch besondere Arzneistoffe[2], die andere durch Fasten u. s. w. So entwickeln sich subjective, individuelle Strömungen, die gelegentlich neben dem bis dahin bestehenden kirchlichen Gebiete als ganz selbständige Erscheinungen auftreten, gelegentlich auch als häretisch[3] abgestossen werden, aber oft genug in den grossen Strom des anerkannten Kirchenwesens einlenken. Alles dieses haben wir in den Naturwissenschaften auch. Wir haben auch da den Strom des Dogmas, wir haben auch da den Strom der objectiven und den der subjectiven Lehren. In Folge dessen ist unsere Aufgabe eine zusammengesetzte. Wir bemühen uns zunächst immer, den dogmatischen Strom zu verkleinern. Die Hauptaufgabe, welche die Wissenschaft seit Jahrhunderten verfolgt hat, ist die

---

tion zu den Konservativen, ist die Deutsche Fortschrittspartei, deren Linie etwa auch Rudolf Virchow vertritt. Die Sozialisten würde man zwar auch zur Linken zählen. Sie sind aber 1877 noch relativ unbedeutend. Gemeint ist hier aber wohl keine politische Zuordnung, sondern nur die oppositionelle Haltung gegenüber traditionellen Auffassungen.

[1] *In einem allgemeinen Sinne als nur subjektiv begründete Spekulation.*

[2] *Im frühen Hinduismus wurde etwa das berauschende "Soma" als Ritualgetränk benutzt, wobei unklar ist, um welche Substanz es sich handelte.*

[3] *ketzerisch, gegen die offizielle Lehrmeinung verstoßend.*

gewesen, die rechte, die conservative Seite[1] immer mehr zu stärken. Diese Seite, welche die s i c h e r e n T h a t s a c h e n in sich aufnimmt mit d e m v o l l e n B e w u s s t s e i n d e r B e w e i s e, diese Seite, welche d e n V e r s u c h a l s d a s h ö c h s t e B e w e i s m i t t e l f e s t h ä l t, diese Seite, welche im Besitze der eigentlichen wissenschaftlichen Schatzkammer ist, ist immer breiter und grösser geworden, und zwar vorzugsweise auf Kosten des dogmatischen Stromes.[2] In der That, wenn wir nur die Fülle der Naturwissenschaften, die seit dem Ende des vorigen Jahrhunderts in Blüthe gekommen sind[3], betrachten, so hat eine unglaubliche Revolution stattgefunden.

In keiner Wissenschaft ist das so sichtbar wie in der Medicin, weil sie die einzige Wissenschaft ist, die in continuirlicher Weise eine Geschichte von nahezu 3000 Jahren hat.[4] Wir sind gewissermassen die Patriar-

---

[1] *Rudolf Virchow bleibt im politischen Bild, einer konservativen Rechten und einer fortschrittlichen Linken.*

[2] *Interessanterweise stellt sich Rudolf Virchow hier wissenschaftlich auf die rechte Seite, während er politisch ein Fortschrittler, also ein Linker, ist.*

[3] *Die Fortschritte in der Physik waren schon älter. Rudolf Virchow würde sich somit auf die rasche Entwicklung etwa in der Biologie, Chemie, Medizin oder Geologie beziehen.*

[4] *Rudolf Virchow scheint hier ab der griechischen Medizin zu rechnen, die es seit etwa 700 vor Christus gab. Allerdings fußte diese selbst wieder auf medizinischen Lehren, etwa der Ägypter oder aus Mesopotamien, die sich ein Jahrtausend weiter zurückverfolgen lassen.*

chen[1] der Wissenschaft, insofern, als wir am längsten eben den dogmatischen Strom gehabt haben.[2] Dieser war so stark, dass in dem früheren Mittelalter sogar die katholische Kirche ihn in ihr Bett mit aufnahm und dass der Heide Galen[3] wie ein Kirchenvater[4] in der Vorstellung der Menschen erschien, ja, wenn wir die früh mittelalterlichen Gedichte lesen, in der That oft genau in der Stellung eines Kirchenvaters sich darstellt. Das medicinische Dogma ist fortgegangen bis zur Zeit der Reformation.[5] Gleichzeitig mit Luther sind Vesal[6] und Paracelsus[7] gekommen und ha-

---

[1] *Bischöfe höchsten Ranges in den christlichen Kirchen vor der Reformation.*

[2] *Bis in das 19. Jahrhundert herrschten noch Lehren in der Medizin, die von den alten Griechen herstammten. Rudolf Virchow gehört zu den Wissenschaftlern, die demgegenüber eine naturwissenschaftliche Medizin vorantrieben, die sich auf empirische Beobachtung stützte.*

[3] *Galenos von Pergamon (129 oder 131 bis um 199, 201 oder 215), war ein griechischer Arzt und Anatom.*

[4] *Als Kirchenvater wird ein früher christlicher Autor bezeichnet, der entscheidend zur Lehre und zum Selbstverständnis des Christentums beigetragen hat.*

[5] *im 16. Jahrhundert, Martin Luther schlug seine 95 Thesen 1517 an die Schloßkirche zu Wittenberg an.*

[6] *Andreas Vesalius (1514-1564) war ein flämischer Anatom der Renaissance. Er gilt als Begründer der modernen Anatomie.*

[7] *Philippus Theophrastus Aureolus Bombastus von Hohenheim (vermutlich 1493 bis 1541), genannt Paracelsus, war ein Arzt,*

ben die ersten grossen Reductionsversuche[1] gemacht. Sie haben Pfähle geschlagen in den dogmatischen Strom, haben ihn abgedämmt und ihm nur ein kleines Fahrwasser gelassen. Vom 16. Jahrhundert an [25] ist er in jedem Jahrhundert immer enger und enger geworden, so dass schliesslich nur noch ein ganz kleines Fahrwasser für die Therapeuten übrig geblieben ist.

So geht die Herrlichkeit der Welt dahin.[2]

Vor 30 Jahren noch sprach man von der hippokratischen Methode[3] als von etwas so Erhabenem und Bedeutungsvollem, dass gar nichts Heiligeres gedacht werden konnte. Heutzutage muss man sagen, dass diese Methode beinahe bis auf ihre Wurzel vernichtet ist. Es gehört wenigstens ein starkes Stück von Aus-

---

Alchemist und Astrologe.

[1] *Neu war, daß man nicht mehr nur die klassischen Schriften aus dem Altertum auslegte, sondern aufgrund eigener Beobachtungen Theorien aufstellte und Prinzipien postulierte, aus denen sich diese ergeben sollten.*

[2] *Übersetzung des lateinischen Zitats "sic transit gloria mundi", das auf Patricius 1516 zurückgeht und Teil des Krönungszeremoniells eines neuen Papstes war. Es wurde dreimal ein Bund Werg an einer Kerze anzündet und dabei ausgerufen: „Pater sancte, sic transit gloria mundi." [Heiliger Vater, so vergeht der Ruhm der Welt.] Damit sollte dem Papst verdeutlicht werden, daß auch er vergänglich ist.*

[3] *Hippokrates von Kos (um 460 v. Chr. bis um 370 v. Chr.) war der berühmteste Arzt des Altertums. Seine Lehren blieben bis in das 19. Jahrhundert verbindlich, wurde dann aber von naturwissenschaftlichen Erkenntnissen schnell verdrängt.*

schmückung dazu, um zu sagen, dass ein heutiger Kliniker[1] es noch macht, wie Hippokrates. Ja, wenn man die Medicin von heute mit der Medicin von 1800 vergleicht, — zufälligerweise bildet das Jahr 1800 einen ganz grossen Wendepunkt für die Medicin[2], — so findet man, dass sich unsere Wissenschaft im Laufe der letzten 70 Jahre gänzlich umgestaltet hat.[3] Damals bildete sich, unmittelbar unter dem Eindruck der französischen Revolution, die grosse Pariser Schule[4], und man muss es dem Genie unserer Nachbarn nachrühmen[5], dass sie im Stande gewesen sind, auf einen Schlag die Grundlagen eines ganz neuen Wissens zu finden. Wenn wir jetzt auch die Medicin in der grösseren Breite des objectiven Wissens sich fortentwickeln sehen, so wollen wir niemals vergessen, dass die Fran-

---

[1] *Arzt, der in einer Klinik tätig ist.*

[2] *Durchbrüche waren etwa die erste Impfung gegen Pocken 1796/1797 oder die Einführung von Lachgas als Narkosemittel durch Humphry Davy 1799/1800, beides Fortschritte, die völlig unabhängig von den antiken Lehren waren.*

[3] *In diesen Zeitraum fallen etwa die erste Blutransfusion 1818, die erste Operation mit Narkose 1842, die Verdrängung der klassischen Säftelehre durch die Zellularpathologie (Rudolf Virchow, 1858) und die Erkenntnis, daß Krankheiten durch Keime verursacht werden (Louis Pasteur und Robert Koch, 1870).*

[4] *Richtung der klinischen Medizin am Übergang vom 18. zum 19. Jahrhundert, die streng klinisch-symptomatologisch und pathologisch-anatomisch orientiert war. Einer ihrer bedeutendsten Vertreter war der Physiologe François Magendie (1783-1855).*

[5] *loben, würdigen.*

zosen die Bahnbrecher gewesen sind, wie es im Mittelalter die Deutschen waren.

An unserem eigenen Beispiele wollte ich Ihnen kurz zeigen, wie sich die Methoden und der Wissensschatz umgestalten. Ich bin überzeugt, dass in der Medicin am Schlusse dieses Jahrhunderts schon nur mehr eine Thonröhrenleitung[1] übrig geblieben sein wird, durch welche die letzten schwachen Wasser des dogmatischen Stromes sich fortbewegen können, — eine Art von Drainage[2]. Im Uebrigen wird wahrscheinlich der objective Strom den dogmatischen ganz und gar aufgenommen haben.

Vielleicht bleibt noch der subjective daneben bestehen. Vielleicht träumt auch dann noch mancher Einzelne seine schönen Träume aus. Das Gebiet der objectiven Thatsachen in der Medicin, ein so grosses es auch geworden ist, hat doch noch so viele Nebengebiete übrig gelassen, dass für Jemanden, der speculiren will, eine Fülle von Gelegenheiten täglich sich darbietet. Diese Fülle wird auch redlich[3] benutzt. Eine Menge von Büchern würden ungeschrieben bleiben, wenn nur objective Dinge mitgetheilt werden sollten. Aber das subjetive Bedürfniss ist noch so gross, dass ich glaube behaupten [26] zu können, von

---

[1] *Rudolf Virchow spielt dabei auf das Veraltete einer solchen Vorrichtung an. Rohre aus Stahl wurden etwa ab 1825 produziert.*

[2] *Vorrichtung und Vorgang der Entwässerung.*

[3] *aufrichtig, ehrlich.*

unserer heutigen medicinischen Literatur könnte immer noch die Hälfte ausbleiben, ohne dass für die objective Seite dadurch ein Nachtheil entstünde.

Wenn wir nun l e h r e n, dann, meine ich, dürfen wir diese subjective Seite nicht als einen wesentlichen Gegenstand der Doctrin betrachten. Ich gehöre jetzt so ziemlich zu den ältesten Professoren der Medicin[1], ich lehre nun mehr als 30 Jahre[2] meine Wissenschaft und ich darf sagen, ich habe in diesen 30 Jahren ehrlich an mir gearbeitet, um immer mehr von dem subjectiven Wesen abzuthun und mich immer mehr in das objective Fahrwasser zu bringen. Nichts desto weniger bekenne ich offen, dass es mir nicht möglich ist, mich ganz zu entsubjectiviren[3]. Mit jedem Jahre sehe ich immer wieder von Neuem, dass ich selbst an solchen Stellen, wo ich geglaubt hatte, schon ganz objectiv zu sein, immer noch ein grosses Stück subjectiver Vorstellungen bewahrt habe. Ich gehe nun nicht so weit, die unmenschliche[4] Forderung zu stellen, dass Jemand überhaupt ohne irgend eine subjective Ader sich äussern solle, aber ich sage, wir müssen uns die Aufgabe stellen, in erster Linie das eigentlich thatsächliche Wissen zu überliefern, und wir müssen den Lernenden

---

[1] *Rudolf Virchow wurde 1821 geboren und ist Mitte fünfzig um die Zeit.*

[2] *Rudolf Virchow wurde 1847 Privatdozent.*

[3] *von seiner subjektiven Meinung lösen, den Subjektivismus hinter sich lassen.*

[4] *Im Sinne von: von keinem Menschen zu erfüllen.*

jedesmal sagen, wenn wir weiter gehen: dieses ist aber nicht bewiesen, sondern das ist m e i n e Meinung, m e i n e Vorstellung, m e i n e Theorie, m e i n e Speculation.

Das können wir aber nur bei schon Entwickelten, bei schon Gebildeten. Wir können nicht dieselbe Methode in die Volksschule übertragen, wir können nicht jedem Bauernjungen sagen: das ist thatsächlich, das weiss man und das vermuthet man nur. Im Gegentheil, das, was man weiss, und das, was man nur vermuthet, mengt sich in der Regel so sehr in ein einziges Gebilde zusammen, dass das, was man vermuthet, als die Hauptsache, und das, was man weiss, als die Nebensache erscheint. Um so mehr haben wir, die wir die Wissenschaft tragen, wir, die wir in der Wissenschaft leben, die Aufgabe, dass wir uns enthalten, in die Köpfe der Menschen, und ich will es hier besonders betonen, in die Köpfe der Schullehrer dasjenige hineinzutragen, was wir bloss vermuthen. Freilich, wir können nicht die Thatsachen ganz bloss als Rohmaterial übergeben, das geht nicht. Sie müssen in eine gewisse Ordnung gebracht werden.

Aber wir dürfen diese Ordnung nicht ausdehnen über das unerlässlich Nothwendige hinaus. Das ist ein Vorwurf, den ich z. B. auch Herrn N a e g e l i mache[1].

---

[1] *Der Vortrag, auf den sich Rudolf Virchow bezieht, hatte den Titel: "Ueber die Schranken der naturwissenschaftlichen Erkenntniss", vgl. Amtlicher Bericht der 50. Versammlung Deutscher Naturforscher und Aerzte in München vom 17. bis 22. September 1877, München, F. Straub, 1877, Seite 25ff.*

Die Freiheit der Wissenschaft im modernen Staat

[27] Herr Naegeli hat gewiss in der gemessensten[1] Weise, und — Sie werden es sehen, wenn Sie seinen Vortrag lesen, — in durchaus philosophischer Weise[2] die schwierigen Fragen erörtert, die er sich zum Gegenstande seines Vortrages gewählt hatte. Nichts destoweniger hat er einen Schritt gethan, den ich für ungemein gefährlich halte. Er hat nämlich in einer anderen Richtung dasselbe gethan, was die Generatio aequivoca leistet. Er verlangt, dass das geistige Gebiet nicht blos von den Thieren auf die Pflanzen ausgedehnt werde, sondern dass wir schliesslich sogar aus der organischen in die unorganische Welt herübergehen mit unseren Vorstellungen über die Natur der geistigen Vorgänge.[3] Diese Methode des Denkens, die durch grosse Philosophen repräsentirt wird, ist an sich natürlich. Wenn Jemand durchaus das geistige Geschehen in Zusammenhang mit den Vorgängen der übrigen Welt bringen will, so kommt er nothwendig dahin, dass er zuerst die psychischen Erscheinungen, wie sie sich bei dem Menschen und den höchst organisirten Wirbelthieren finden, auf die niederen und immer niedrigeren Thiere überträgt; sodann bekommt auch die Pflanze ihre Seele; weiterhin empfindet und denkt die Zelle, und endlich finden sich die Uebergänge bis zu den chemischen Atomen, die einander has-

---

[1] *würdevoll und zurückhaltend, angemessen.*

[2] *Naegeli betont am Anfang seines Vortrags, daß er nicht philosophisch an sein Thema herangehen möchte.*

[3] *Naegeli schreibt ähnlich wie Haeckel selbst Molekülen Empfindungen zu.*

sen oder lieben, die sich suchen oder auseinanderflie-
hen. Das ist Alles sehr schön und vortrefflich und mag
schliesslich auch wahr sein. Es kann sein. Aber haben wir denn wirklich das Bedürfniss, liegt irgend ein
positives, wissenschaftliches Bedürfniss vor, das Gebiet der geistigen Vorgänge über den Kreis derjenigen
Körper hinaus auszudehnen, in und an denen wir sie
sich wirklich darstellen sehen? Ich habe nichts dagegen, dass Kohlenstoffatome auch Geist haben, oder
dass sie Geist in der Verbindung mit der Plastidul-
Genossenschaft bekommen[1], allein ich weiss
nicht, an was ich das erkennen soll. Es ist
ein blosses Spiel mit Worten. Wenn ich Anziehung
und Abstossung für geistige Erscheinungen, für psychische Phaenomene erkläre, dann werfe ich einfach
die Psyche zum Fenster hinaus, dann hört die Psyche
auf, Psyche zu sein. Man mag zuletzt die Vorgänge des
menschlichen Geistes chemisch erklären, aber zunächst haben wir doch nicht die Aufgabe, meine ich,
diese Gebiete durcheinander zu bringen. Wir haben
vielmehr die Aufgabe, sie stricte da festzuhalten, wo
wir sie eben erkennen. Und wie ich immer Werth darauf gelegt habe, dass man nicht in erster Linie die
Uebergänge des Unorganischen in's Organische
aufsuche, sondern [28] zuerst den Gegensatz des
Unorganischen und Organischen fixire und in diesem
Gegensatze seine Studien mache, so behaupte ich
auch, dass es einzig förderlich ist, und ich habe die

---

[1] *Rudolf Virchow spottet hier wieder über die Vorstellung Haek-
kels, die Plastidule (Moleküle mit seelischen Eigenschaften und
Erinnerung) agierten wie Menschen, in diesem Fall wie eine
wirtschaftliche Genossenschaft.*

festeste Ueberzeugung, dass wir gar nicht weiterkommen, wenn wir nicht das Gebiet der geistigen Vorgänge fixiren da, wo uns wirklich geistige Erscheinungen entgegentreten, und dass wir nicht geistige Erscheinungen vermuthen, wo sie vielleicht vorhanden sein können, wo wir aber gar keine sichtbaren, hörbaren, fühlbaren, überhaupt erkennbaren Erscheinungen wahrnehmen, die als geistige bezeichnet werden könnten. Für uns ist zweifellos die ganze Summe psychischer Erscheinungen an bestimmte Thiere, nicht an die Gesammtheit aller organischen Wesen, ja nicht einmal an alle Thiere überhaupt geknüpft, das behaupte ich ohne Anstand[1]. Wir haben keinen Grund, jetzt schon davon zu sprechen, dass die niedrigsten Thiere psychische Eigenschaften besässen; wir finden dieselben nur bei den höheren und ganz sicher nur bei den höchsten.

Nun will ich ja gerne zugestehen, dass man gewisse Gradationen[2], gewisse allmähliche Uebergänge, gewisse Punkte finden kann, wo man von geistigen Vorgängen auf Vorgänge blos physischer oder physikalischer Natur kommt. Ich spreche durchaus nicht etwa den Satz aus, dass es niemals möglich sein werde, die psychischen Vorgänge mit physischen in einen unmittelbaren Zusammenhang zu bringen. Nur sage ich, wir haben gegenwärtig keine Berechtigung, diesen möglichen Zusammenhang als einen wissenschaftlichen Lehrsatz aufzustellen, und ich muss entschie-

---

[1] *anstandslos, ohne weiteres.*

[2] *Abstufungen.*

den Einspruch dagegen thun, dass man in dieser Weise eine vorzeitige Erweiterung unserer Doctrinen sucht, und dass man das, was schon so oft als ein vergebliches Problem sich erwiesen hat, immer wieder von Neuem in den Vordergrund der Darstellung bringt. Wir müssen strenge unterscheiden zwischen dem, was wir lehren wollen, und dem, wonach wir forschen wollen. Das, wonach wir forschen, das sind Probleme. Wir brauchen dieselben nicht für uns zu behalten; wir können sie aller Welt mittheilen und sagen, das Problem ist da, dem streben wir nach, wie Columbus, welcher, als er auszog, um Indien zu entdecken, daraus kein absolutes Geheimniss machte, welcher aber schliesslich nicht Indien, sondern Amerika fand. So ergeht es auch uns nicht selten. Wir ziehen aus, um bestimmte Probleme, die wir als sicher voraussetzen, zu beweisen, und am Ende finden wir etwas ganz Anderes, worauf wir nicht gefasst waren. [29] Die Forschung nach solchen Problemen, an denen sich die ganze Nation interessiren mag, darf Keinem verschränkt[1] sein. Das ist die Freiheit der Forschung. Aber das Problem soll nicht ohne Weiteres Gegenstand der Lehre sein. Wenn wir lehren, so müssen wir uns an jene kleineren und doch schon so grossen Gebiete halten, die wir wirklich beherrschen.

Meine Herren! Mit einer solchen Resignation, die wir uns selbst auferlegen, die wir gegenüber der übrigen Welt üben, bin ich überzeugt, werden wir allein im Stande sein, den Kampf gegen unsere Widersacher[2] zu

---

[1] *beschränkt, verwehrt.*

[2] *Wie Rudolf Virchow oben ausführt, sind damit die Vertreter*

führen und siegreich zu führen. Jeder Versuch, unsere Probleme zu Lehrsätzen umzubilden, unsere Vermuthungen als die Grundlagen des Unterrichtes einzuführen, der Versuch insbesondere, die Kirche einfach zu depossediren[1] und ihr Dogma ohne Weiteres durch eine Descendenzreligion[2] zu ersetzen, ja, meine Herren, dieser Versuch muss scheitern und er wird in seinem Scheitern zugleich die höchsten Gefahren für die Stellung der Wissenschaft überhaupt mit sich bringen.

Darum, meine Herren, mässigen wir uns, üben wir die Resignation, dass wir auch die theuersten Probleme, die wir aufstellen, doch immer nur als Probleme geben[3], dass wir es hundert und hundertmal sagen: haltet das nicht für feststehende Wahrheit, seid darauf vorbereitet, dass es vielleicht anders werde; nur für den Augenblick haben wir die Meinung, e s k ö n n t e s o s e i n.

Ich will zur Erläuterung noch ein Beispiel hinzufügen. Es wird im Augenblicke wenige Naturforscher geben, die nicht der Meinung sind, dass der Mensch mit dem übrigen Thierreiche im Zusammenhange

---

der katholischen und protestantischen Kirche gemeint, soweit sie gegen die Wissenschaft antreten.

[1] *enteignen, vom Thron stürzen.*

[2] *Rudolf Virchow bezieht sich hierbei auf die quasireligiösen Tendenzen bei Ernst Haeckel, der die Darwinsche Lehre in den Mittelpunkt einer neuen und umfassenden Weltanschauung stellen möchte.*

[3] *darstellen.*

steht, und dass, wenn auch nicht mit dem Affen[1], so doch vielleicht an anderer Stelle, wie auch Herr Vogt[2] jetzt annimmt, ein Zusammenhang möglicher Weise sich finden lassen werde.

Ich erkenne offen an, es ist das ein Desiderat[3] der Wissenschaft. Ich bin ganz vorbereitet darauf, und ich würde mich keinen Augenblick weder wundern noch entsetzen, wenn der Nachweis geliefert würde, dass der Mensch Vorfahren unter anderen Wirbelthieren hat. Sie wissen, ich treibe gerade Anthropologie[4] ge-

---

[1] *Gerade von den Gegnern der Darwinschen Lehre wurde oft unterstellt, daß eine Abstammung unmittelbar von den Affen ein Teil der Theorie sei. Daß es die Abstammung von einem gemeinsamen Vorfahren sein könnte, ist um die Zeit schon plausibler.*

[2] *Carl Vogt (1817-1895) studierte in Gießen Medizin und dann Chemie. 1835 mußte er aus politischen Gründen in die Schweiz emigrieren. 1847 übernahm er eine Professur für Zoologie in Gießen. Während der Revolution war er Mitglied der Nationalversammlung (Fraktion Deutscher Hof). Da er zu den Aufständen in der Pfalz und Baden aufgerufen hatte, mußte er wiederum in die Schweiz fliehen. Dort wurde er in Genf Professor für Geologie, dann für Zoologie. Nach seiner Einbürgerung war er Nationalrat. Er vertrat eine materialistische Weltanschauung und propagierte die Lehren Darwins im deutschen Sprachraum.*

[3] *erwünschtes, wünschenswertes Ziel.*

[4] *Anthropologie ist die Wissenschaft vom Menschen, besonders in einem naturwissenschaftlichen Sinne. Rudolf Virchow begründete 1869 die "Berliner Anthropologische Gesellschaft" (heute: "Berliner Gesellschaft für Anthropologie, Ethnologie und Urgeschichte"), deren Vorsitzender er bis zu seinem Tode ab-*

Die Freiheit der Wissenschaft im modernen Staat

genwärtig mit Vorliebe, aber ich muss doch erklären: jeder positive Fortschritt, den wir in dem Gebiete der prähistorischen Anthropologie[1] gemacht haben, hat uns eigentlich von dem Nachweise dieses Zusammenhanges mehr entfernt.[2] Die Anthropologie studirt in diesem Augenblicke die Frage des fossilen Menschen[3].

---

wechselnd jeweils mit einem anderen Mitglied war. 1870 folgte die Gründung der Deutschen Gesellschaft für Anthropologie, Ethnologie und Urgeschichte.

[1] *Rudolf Virchows Interessen waren weitgefächert. 1865 hielt er einen an die breite Öffentlichkeit gerichteten Vortrag "Ueber Hünengräber und Pfahlbauten". 1870 erkundete er einen Teil der Balver Höhle im Sauerland, einem wichtigen Fundplatz der Mittleren Altsteinzeit. Durch statistische Auswertungen für die Haar- und Augenfarben von deutschen Schulkindern versuchte Virchow die Zusammensetzung einer Urbevölkerung zu erschließen. Entgegen den in der Zeit verbreiteten Rassentheorien stellte sich dabei heraus, daß die deutsche Bevölkerung eine Mischzone darstellt mit einem Gradienten von Norden nach Süden. – Da Rudolf Virchow nur mit den viel häufigeren Funden und Spuren des modernen Menschen befaßte, mußte sein Eindruck sein, daß sich die Menschen seit langem nicht wesentlich verändert hatten. Gegenläufige Information, besonders die 1856 entdeckte Schädeldecke eines Neandertalers, diskutierte Rudolf Virchow mit dem Argument weg, es handle sich um einen modernen Menschen mit pathologischen Deformationen.*

[2] *Möglicherweise bezieht sich das auf den Fund „Cro-Magnon 1" eines versteinerten Schädels von einem modernen Menschen durch Louis Lartet 1868 im französischen Les Eyzies.*

[3] *Bis zu diesem Datum waren noch sehr wenige Funde bekannt, im Wesentlichen nur von drei Neandertalern (Engis 2, Gibraltar 1, Neandertal 1). Dies änderte sich erst später im Jahrhundert.*

Rudolf Virchow

Von dem Menschen der gegenwärtigen [30] „Schöpfungsperiode" sind wir in die quaternäre Zeit[1] gekommen, in jene Zeit, für die noch Cuvier[2] mit der grössten Bestimmtheit behauptete, dass der Mensch damals überhaupt noch nicht existirt habe. Heutzutage ist der quaternäre Mensch eine allgemein acceptirte Thatsache.[3] Der quaternäre Mensch ist nicht mehr ein Problem, sondern ein wirklicher Lehrsatz. Der tertiäre

---

Sehr alte Fossilien wurden zumeist erst im 20. Jahrhundert entdeckt. Von daher ist Rudolf Virchows Einschätzung vielleicht eher verständlich, daß man wenige Anhaltspunkte für einen Übergang zum modernen Menschen habe.

[1] *Das Quartär umfaßt das Pleistozän ("Eiszeitalter", 2,588 Millionen bis 11.700 Jahre vor heute) und das Holozän ("Jetztzeit", die letzten 11.700 Jahre). Gemeint ist hier wohl eher das Pleistozän.*

[2] *Georges Léopold Chrétien Frédéric Dagobert, Baron de Cuvier (1769 1832) war ein französischer Naturforscher. Er zeigte, daß in der Vergangenheit Arten ausgestorben waren, was man bis dahin nicht für möglich gehalten hatte. Insbesondere vertrat er die Kataklysmentheorie, daß in der Erdgeschichte mehrmals bei großen Katastrophen ein Großteil der Lebewesen vernichtet worden sei.*

[3] *Gestützt würde diese Behauptung in der Zeit von den Funden der „Red Lady of Paviland" 1823 in Wales und und des versteinerten Schädels eines Cro-Magnon 1868 im französischen Les Eyzies. In beiden Fällen handelte es sich um etwa 30.000 Jahre alte Fossilien moderner Menschen. Überreste von Neandertalern würde Rudolf Virchow wohl dazunehmen, weil er diese für moderne Menschen, nur mit pathologischen Bildungen, hielt.*

Mensch[1] dagegen ist ein Problem, freilich ein Problem, welches schon in materieller Discussion ist.[2] Es giebt schon Objecte, an denen man darüber streitet, ob sie als Beweise für die Existenz des Menschen in der Tertiärzeit zuzulassen seien. Wir machen nicht mehr blos Speculationen darüber, sondern wir disputiren[3] an bestimmten Dingen, ob sie als Zeugen der Thätigkeit des Menschen in der Tertiärzeit anerkannt werden können. Je nachdem man diese objectiven materiellen Beweisstücke für ausreichend hält oder nicht, beantwortet man die aufgeworfene Frage verschieden. Selbst entschieden kirchliche Männer, wie Abbé Bourgeois[4], sind überzeugt, dass der Mensch die Tertiärzeit erlebt hat; der tertiäre Mensch ist für sie schon ein wirklicher Lehrsatz. Für uns etwas mehr kritische Naturen ist der tertiäre Mensch blos noch Problem, aber wir müssen es anerkennen, ein discussionsfähiges Pro-

---

[1] *Das Tertiär reicht von 66 Millionen bis 2,588 Millionen Jahren vor unserer Zeit. Genauer meint Rudolf Virchow hier wohl das Pliozän das etwa vor 5,333 Millionen Jahren begann. Seine Skepsis gegenüber Menschen in diesem Zeitraum ist berechtigt. Es gab zu der Zeit nur Vorläufer wie den Australophithecus. Moderne Menschen gibt es erst seit etwa 200.000 Jahren.*

[2] *Eigentlich kann es noch keine Evidenz in der einen oder der anderen Richtung geben, weil die einschlägigen Fossilien erst in den 1960er Jahren gefunden wurden.*

[3] *sachlich erörtern, diskutieren.*

[4] *Der Abt Louis Bourgeois (1819-1878) war ursprünglich Professor für Philosophie, interessierte sich aber auch für Naturwissenschaften, besonders die Ur- und Frühgeschichte.*

blem. Bleiben wir daher vorläufig bei dem quaternären Menschen stehen, den wir wirklich finden. Wenn wir diesen quaternären, fossilen Menschen, der doch unseren Urahnen in der Descendenz oder eigentlich in der Ascendenzreihe[1] näher stehen müsste, studiren, so finden wir immer wieder einen Menschen, wie wir es auch sind.[2]

Noch vor zehn Jahren, wenn man etwa einen Schädel im Torfe fand oder in Pfahlbauten oder in alten Höhlen, glaubte man, wunderbare Merkmale eines wilden, noch ganz unentwickelten Zustandes an ihm zu sehen. Man witterte eben Affenluft. Allein das hat sich allmählich immer mehr verloren. Die alten Troglodyten[3], Pfahlbauern[4] und Torfleute[5] erweisen sich

---

[1] *Deszendenz würde einen Abstieg, Aszendenz einen Aufstieg bedeuten.*

[2] *Das liegt allerdings an den sehr wenigen Funden zu der Zeit und der Fehleinschätzung, daß die Überreste von Neandertalern zu modernen Menschen gehörten.*

[3] *Höhlenmenschen.*

[4] *Ein Pfahlbau ist ein Gebäude, das am Rande eines Sees oder Flusses über dem Wasser steht und auf Pfähle gestützt ist. Derartige Bauten gab es in Europa seit dem 5. Jahrtausend vor Christus. Die ersten Überreste wurden 1864/1865 am Zürichsee entdeckt.*

[5] *Rudolf Virchow bezieht sich hier wohl auf Funde von Moorleichen. Der Begriff "Moorleiche" wurde 1871 von der Wissenschaftlerin Johanna Mestorf (1828-1909) geprägt.*

als eine ganz respectable[1] Gesellschaft. Sie haben Köpfe von solcher Grösse, dass wohl mancher Lebende sich glücklich preisen würde, einen ähnlichen zu besitzen. Unsere französischen Nachbarn haben freilich davor gewarnt, dass man ja nicht aus diesen grossen Köpfen zu viel schliessen möchte; es könnte ja sein, dass in denselben nicht bloss Nervensubstanz gewesen sei, sondern dass die alten Gehirne mehr Zwischengewebe gehabt hätten, als jetzt gebräuchlich ist, und dass ihre Nervensubstanz trotz der Grösse des Gehirns auf einem niederen Standpunkt der Entwickelung geblieben sei. Indess ist das nur eine [31] freundschaftliche Unterhaltung, die einigermassen zur Stütze schwacher Gemüther geführt wird. Im Ganzen müssen wir wirklich anerkennen, es fehlt jeder fossile Typus einer niederen menschlichen Entwickelung.[2] Ja, wenn wir die Summe der bis jetzt bekannten fossilen Menschen zusammennehmen und sie parallel stellen dem, was die Jetztzeit darbietet, so können wir entschieden behaupten, dass unter den lebenden Menschen eine viel grössere Zahl relativ niedrigstehender Individuen vorhanden ist, als unter den bis jetzt bekannten fossilen. Ob gerade die höchsten Genies der Quaternärzeit das Glück gehabt haben, uns erhalten zu werden, das wage ich nicht zu vermuthen. Gewöhnlich schliesst man aus der Beschaffenheit eines einzelnen fossilen Objects auf die Mehrzahl der anderen, nicht gefundenen. Ich

---

[1] *ansehnliche, beachtliche.*

[2] *Überreste von Homo erectus wurden erst 1891 von Eugène Dubois in Indonesien gefunden, von Homo heidelbergensis 1907 von Daniel Hartmann in Deutschland.*

will das jedoch nicht thun. Ich will nicht behaupten, dass die ganze Rasse[1] so gut war, wie die paar Schädel, die übrig geblieben sind. Aber ich muss sagen: irgend ein fossiler Affenschädel oder Affenmenschenschädel, der wirklich einem menschlichen Besitzer angehört haben könnte, ist noch nie gefunden worden.[2] Jeder Zuwachs, welchen wir in dem materiellen Bestande der zu discutirenden Objecte gewonnen haben, hat uns von dem gestellten Probleme weiter entfernt. Nun kann man sich allerdings der Betrachtung nicht entziehen, es sei vielleicht eine ganz besondere Stelle auf der Erde, wo die tertiären Menschen gelebt haben. Das wäre ebenso gut möglich, wie man in den letzten Jahren in Nordamerika jene merkwürdige Entdeckung gemacht hat, dass die fossilen Vorfahren unserer Pferde[3] in Gegenden vorkommen, wo das Pferd seit langer Zeit ganz und gar verschwunden ist. Als Amerika entdeckt wurde, war es überhaupt pferdelos; an der Stelle, wo die Vorfahren unserer Pferde gelebt haben, war kein lebendes Pferd mehr vorhanden. So kann es auch sein, dass der tertiäre Mensch in Grönland oder Lemu-

---

[1] *Hier im Sinne von „Art" gemeint. Rudolf Virchow stand den zeitgenössischen Rassentheorien kritisch gegenüber.*

[2] *Die Behauptung beruht auf der Fehleinschätzung der bereits gefundenen Überreste von Neandertalern und darauf, daß die meisten Fossilien erst später entdeckt wurden.*

[3] *In den 1870ern wurden von dem Paläontologen Othniel Charles Marsh (1831-1899) Fossilien in Nordamerika gefunden, die zu Vorfahren der Pferde gehörten. Hieraus ließ sich eine Abfolge über 50 Millionen Jahre rekonstruieren, die eine Entwicklung im Einklang mit der Darwinschen Lehre belegte.*

rien[1] existirt hat und noch irgendwo aus der Tiefe wieder zu Tage gebracht wird. Allein thatsächlich, positiv müssen wir anerkennen, dass noch immer eine scharfe Grenzlinie zwischen dem Menschen und dem Affen besteht.[2] Wir können nicht lehren, wir können es nicht als eine Errungenschaft der Wissenschaft bezeichnen, dass der Mensch vom Affen oder von irgend einem anderen Thiere abstamme.[3] Wir können das nur als ein Problem bezeichnen, es mag noch so wahrscheinlich erscheinen und noch so nahe liegen.

Durch die Erfahrungen der Vergangenheit sollten wir hinreichend gewarnt sein, dass wir nicht unnöthiger Weise zu einer Zeit, wo wir [32] nicht berechtigt sind, Schlüsse zu ziehen, uns die Verpflichtung auferlegen oder der Versuchung erliegen, dies doch zu thun. Sehen Sie, meine Herren, darin liegt die Schwie-

---

[1] *Der Zoologe Philip Sclater (1829-1913) vermutete 1864 im Zusammenhang mit den Lemuren, einer Affenart, die nur in Madagaskar und nicht in Afrika vorkommt, daß es einen versunkenen Kontinent, Lemurien, im Indischen Ozean gegeben haben müßte, der als Landbrücke eine Ausbreitung ermöglicht habe. Sehr schnell griff Ernst Haeckel in seinem Buch "Natürliche Schöpfungsgeschichte" von 1868 die Theorie auf und spekulierte weiter, ob der Mensch in Lemurien entstanden sein könnte. In den 1870er Jahren ruderte er aber schon wieder zurück, als sich die Theorie als unhaltbar erwies.*

[2] *Was natürlich einen gemeinsamen Ahnen nicht ausschließt, etwas, das durchaus schon um die Zeit in der Diskussion ist.*

[3] *Rudolf Virchow besteht hier darauf, daß ein Beweis noch aussteht, nicht daß dies falsch oder gar undenkbar ist.*

rigkeit für jeden Naturforscher, der in die Aussenwelt hineinspricht. Wer für die Oeffentlichkeit spricht oder schreibt, der, meine ich, müsste sich gerade jetzt doppelt prüfen, wie viel von dem, was er weiss und sagt, objectiv wahr ist. Er müsste sich möglichst bemühen, alle nur inductiven Erweiterungen, die er macht, alle weitergehenden Schlüsse nach Gesetzen der Analogie, sie mögen noch so naheliegend erscheinen, mit kleinen Lettern unter dem Texte drucken zu lassen, und in den Text eben nur das zu setzen, was wirklich objective Wahrheit ist. Dann, meine Herren, könnten wir wohl dahin kommen, dass wir einen immer grösseren Kreis von Anhängern gewinnen, dass wir eine immer grössere Zahl von Mitarbeitern bekommen, dass das gebildete Publikum in der fruchtbaren Weise, wie das auf vielen Gebieten schon geschehen ist, sich auch ferner betheiligt. Anders, meine Herren, fürchte ich, dass wir unsere Macht überschätzen. Allerdings, der alte Baco[1] hat mit Recht gesagt: scientia est potentia, Wissen ist Macht.[2] Aber er hat auch das Wissen definirt, und das Wissen, das er meinte, war nicht das speculative Wissen, nicht das Wissen der Probleme, sondern das war das objective, das thatsächliche Wissen. Meine Herren!

---

[1] *Francis Bacon (1561-1626) war ein englischer Philosoph, Wissenschaftler Staatsmann und Wegbereiter des Empirismus.*

[2] *Der lateinische Ausspruch "scientia potentia est" stammt von Thomas Hobbes, der ihn zuerst 1668 in seinem Buch "Leviathan" verwendete. Zugeschrieben wird er Francis Bacon, dessen Sekretär Hobbes gewesen war, auch wenn dieser nur eine ähnliche Formulierung benutzt hatte: "ipsa scientia potestas est" (Wissen selbst ist Macht).*

Die Freiheit der Wissenschaft im modernen Staat

Ich meine, wir würden unsere Macht missbrauchen, wir würden unsere Macht gefährden, wenn wir uns im Lehren nicht auf dieses vollkommen berechtigte, vollkommen sichere, unangreifbare Gebiet zurückziehen. Von diesem Gebiete aus mögen wir als Forscher unsere Vorstösse in der Richtung der Probleme machen, und ich bin sicher, jeder Versuch dieser Art wird dann die nöthige Sicherheit und Unterstützung finden.

WEITERE VERWANDTE BÜCHER
BEI LIBERA MEDIA

- **Rudolf Virchow:**
  Sozialismus und Reaktion

- **Rudolf Virchow:**
  Über Hünengräber und Pfahlbauten

- **Rudolf Virchow:** Die Not im Spessart

- **Eugen Richter:**
  Reden gegen das Sozialistengesetz

- **Ludwig Bamberger:**
  Deutschtum und Judentum

- **Siegmund Rosenstein:** Über Aberglauben
  und Mystizismus in der Medizin

Mehr Information finden Sie unter:

http://libera-media.de

Bisher erschienen bei Libera Media:

Die Kunst in tausend Jahren

Kommentierte Ausgabe bei Libera Media.

Im Jahre 1910 macht sich Alexander Moszkowski Gedanken darüber, wie sich die Künste auf sehr lange Sicht entwickeln könnten. Wird es ganz neue Sinnesorgane geben? Können Eindrücke von einem Sinne zum anderen wandern: Bilder als Klänge erscheinen und Klänge als Bilder? Wird es Fernsehen geben?

Manches bleibt natürlich Spekulation, und in manchem irrt sich Alexander Moszkowski einfach, aber ingesamt hält er eine Reihe anregender Gedanken bereit. Schließlich kennen wir auch nur hundert Jahre mehr, wie sich die Künste entwickelt haben. Was noch in den nächsten neunhundert Jahren kommt, darüber können wir auch nur Vermutungen anstellen.

Auch fürs Kindle verfügbar.